世
三明治
圖鑑

激發創意的無限組合

355種

在地食譜，行家必備

The World's Sandwiches

佐藤政人

瑞昇文化

Contents

前言

為了這本書，我將近 6 個月下來，拍了超過 350 張三明治的照片。絕大部分都是我自己做的，只有不到 20 種是用買的。就算找不到特定的麵包，我也會自己烤。我原本以為拍攝結束後會有好一陣子不想再吃三明治，結果還是每週至少吃上 2、3 次；一方面也是因為新點子源源不絕，教人躍躍欲試。

我最喜歡用法棍做三明治。即使是剛買回來的法棍，我也會稍微烤過，放上高達（山羊）起司片、酪梨切片、番茄片，和幾片羅勒，再撒上鹽、胡椒，淋上巴薩米克醋和橄欖油，最後夾上滿滿的芝麻菜。想要吃肉時，我會再放一片索蘭諾火腿，又或者是鯷魚、沙丁魚。三明治有趣的地方就在於它變化無窮，一切全憑想像。而且三明治並非高級餐廳的料理，而是大街小巷或市場上就能買到的庶民食物，這也很符合我的性格。

此外，三明治濃縮了各地的飲食文化。只要觀察三明治，就能看出在地人的日常飲食習慣，我們也能透過三明治一窺各地的文化和歷史。反過來說，各地的文化和歷史，也會反映在三明治上。希望各位讀者也能透過這本書感受到三明治的魅力。

佐藤政人

GOYA
HATCH
PIRI PIRI
MILD

本書定義的三明治

根據美國最知名的辭典《韋氏辭典》（Merriam-Webster Dictionary），三明治（sandwich）的定義為：「兩片麵包之間夾著某樣東西（諸如肉、花生醬），或兩片以上餅乾、脆片、蛋糕夾著某樣東西的食物」。

史上第一款類似三明治的食物出現於西元 1 世紀，據說猶太教的長老希列爾（Hillel）在猶太教傳統的逾越節時，曾用兩片無酵餅（Matzo）夾起祭祀用的羔羊肉和苦味香草。不過大家熟悉的三明治一詞要到 18 世紀才開始普及，當時英國開始出現下午茶三明治等用兩片麵包夾著餡料的食物，也就是大家現在最熟悉的三明治。

但如果以英國的三明治或辭典描述的三明治來定義三明治，那麼歐洲的開放式三明治、墨西哥的塔可餅、中東的皮塔口袋餅便不能稱作三明治。然而，實際上在許多人的認知裡，這些也都是三明治。我對三明治的定義是「用麵包或相當於麵包的東西（餅皮、派、派皮、拉丁美洲的炸大蕉等各種食物皆宜）夾著餡料的食物」。另一個定義是：「開放式三明治，即麵包上放了或加了某些東西的食物。」本書也是根據以上標準選擇收錄的三明治，其中某些品項或許會招來質疑：「這也能算三明治嗎？」但根據我的定義，它們都是貨真價實的三明治。

三明治的譯名主要遵從中文的稱呼習慣，若無通用中文名稱，則盡量以貼近正確發音的方式音譯。

The World's Sandwiches

Chapter 1

西歐

英格蘭／威爾斯／蘇格蘭／
愛爾蘭／冰島／德國／奧地利／
荷蘭／比利時／義大利／馬爾他／法國
瑞士／西班牙／葡萄牙

Yorkshire Pudding Smoked Salmon Open Sandwich

約克郡布丁製煙燻鮭魚開放式三明治

用英國傳統糕點製作的創意開放式三明治

約克郡布丁與一般甜點的布丁截然不同，是一種蓬鬆柔軟的糕點。作法是先在馬芬模中倒入少許油，放入烤箱加熱到冒煙的程度，然後將麵糊倒入模中，用烤箱烤約 20 分鐘，待麵糊膨脹起來即完成。這原本是勞工階級的省錢食物，通常會在主菜之前端上桌，為的是先墊墊胃，如今倒成了約克郡當地的特色料理，也是許多出國打拚的遊子念念不忘的家鄉菜。

材料（12 人份） **Recipe**

【麵包】約克郡布丁：12 個 *【餡料】新鮮蒔蘿（剁碎之後與法式酸奶油混合）：3 大匙／法式酸奶油（crème fraîche，或酸奶油）：200ml／煙燻鮭魚：6 片／蒔蘿（裝飾用）：適量

* 沙拉油：1 大匙／麵粉：140g／雞蛋：4 顆／牛奶：200ml／鹽和黑胡椒：1 小撮

●烤箱設定 200℃。在馬芬模的每一格中倒入少許沙拉油，然後放入烤箱加熱。準備一個盆子，倒入麵粉，加入雞蛋，攪拌至看不見顆粒。接著慢慢加入牛奶，持續攪拌成質地光滑的麵糊。最後加入鹽和胡椒調味，再將麵糊倒入量杯之類方便傾倒的容器。將烤箱內已經熱得冒煙的馬芬模取出，每一格分別倒入約 2 ～ 3 大匙的麵糊，接著馬上放回烤箱，烤約 20 分鐘，直到麵糊膨起。

Memo

雖然烘烤過程會加油，但麵糊不太吸油，所以吃起來並不油膩。一般會抹上果醬或奶油乳酪再吃。剛出爐時最好吃。

Chip Butty

薯條三明治

英國最受歡迎的三明治之一

「Chip」在日本人的認知中是洋芋片的意思，但對英國人來說則是炸薯條，「Crisp」才是洋芋片。「Batty」則是麵包與奶油的意思，這個說法據傳源自英國北部、約克郡和利物浦一帶。這款三明治非常平凡，就只是麵包塗了奶油再夾起炸薯條，但對英國人來說卻是引以為傲、極度講究的三明治。例如謝菲爾德聯足球俱樂部（Sheffield United F.C.）的球迷在比賽時高歌的「油膩薯條三明治頌」（Greasy Chip Butty Song）就極具象徵性。冰涼的奶油、柔軟的麵包搭配酥脆的現炸薯條，這三位一體的組合才是這款三明治的靈魂。

材料（1 人份） **Recipe**

【麵包】吐司 2 片或漢堡包 1 個／【餡料】奶油：適量／炸薯條：想吃多少就加多少【醬料】番茄醬或棕醬 ：適量／英式芥末醬（依個人喜好）

Memo

每個國家、店家，甚至每個人對於炸薯條的粗細都有自己的見解，英國的薯條大約是 1 公分粗。想要炸出外皮酥脆的薯條，需要油炸兩次，第二次用較高的油溫迅速回炸。

Ploughman's Lunch

農夫午餐三明治

大白天也能喝啤酒配三明治？

Ploughman 的意思是農場裡牽馬的人，但也無法確定這款三明治到底是不是他們以前習慣吃的東西。看名字也可以猜到，這款三明治類似日本的定食（套餐），由起司、麵包、醃菜以及火腿、水煮蛋、蘋果、醋醃洋蔥組成，可以想成將定食中原本用盤子裝的每一道菜統統夾進麵包做成的三明治，只是這裡我在擺盤上花了點心思。雖然我猜這款三明治並非源自酒館，名字又叫作午餐，但吃的時候一定要配啤酒，而且是艾爾啤酒（ale）。

材料（4 人份） **Recipe**

【麵包】法棍：1/2 條【餡料】陳年切達起司（刨碎）：250g／紅蘿蔔泥：1 根份／紫洋蔥泥：1 顆份／英式沙拉醬（類似美乃滋的抹醬）：2 ～ 4 大匙／鹽和胡椒：適量 ● 將所有餡料加入盆中，混合均勻至質地變得光滑

Memo

我還加了食譜材料以外的香腸、水煮蛋當作附餐。麵包表面稍微烤脆一點會更好咬，也更好吃。

Shooter's Sandwich

射手三明治

懶惰主廚因為討厭早起而發明的三明治

20 世紀初，某位廚師為了清晨出門打獵的獵人研發了這款三明治。他切開圓形鄉村麵包的上半部，挖空中心，塞入煎牛排和炒蘑菇，再將前面切下來的部分蓋回去，用紙包起來，放上重物壓一整晚。這種壓實的三明治便於攜帶，即使分切也不會散開，對獵人這種從事戶外活動的人來說可謂劃時代的發明。

材料（4～6 人份） **Recipe**

【麵包】圓形鄉村麵包（例如酸種圓法國麵包）：1 個／【餡料】厚切牛排（三分熟）：2 片／炒蘑菇：約 500g*
* 蘑菇（大致剁碎）：500g ／紅蔥頭（大致剁碎）：200g ／奶油：70g ／鹽和胡椒：適量／白蘭地（火燒用）：1 大匙

Memo

配料要剛好全部塞進麵包並不容易，必須視情況調整份量。另一個重點是蘑菇要確實炒乾。

Salt Beef Bagel

鹹牛肉貝果

英國與猶太文化融合而生的倫敦東區傑作

鹽巴可以延長食物的保存期限，魚乾就是典型的例子之一；而肉也是如此，鹹牛肉（salt beef）就是將牛肉浸泡在鹽水中以延長保存時間的食物。大家也許不熟悉「salt beef」這個詞，但聽到「corned beef」（鹽醃牛肉）應該就懂了，基本上兩者是相同的東西，只是稱呼上的差異。不過英國人怎麼會用貝果搭配鹹牛肉呢？其實倫敦東區有許多猶太人，而貝果是代表猶太文化的麵包，正是倫敦的猶太移民將兩種食物結合在一起，發明了這款鹹牛肉貝果。雖然英國各地都吃得到，但發源地（倫敦東區）的鹹牛肉貝果依然最受歡迎。

Recipe

材料（1 人份）

【麵包】貝果：1 個【餡料】鹹牛肉（鹽醃牛肉）：4 ～ 6 片 * ／酸黃瓜（縱切片）：4 根【醬料】英式芥末醬：1 大匙／美乃滋：1 大匙

* 牛前胸肉：1kg ／紅蘿蔔：2 根／洋蔥：1 顆、西洋芹：1 根／蒜頭：2 瓣／砂糖：300g ／鹽：700g ／胡椒粒、芫荽籽：各 1 小匙／月桂葉：2 片／水：1 公升　●作法請見 p.146

Memo

貝果可選擇全麥或洋蔥等任何自己喜歡的口味。英國用的醃黃瓜叫「gherkin」 而不是「pickle」，尺寸較小。請勿使用粗鹽醃牛肉罐頭，因為這和此處的鹹牛肉不同。

Toast Sandwich

吐司三明治

英國人在三明治方面簡直是讓人跌破眼鏡的天才 !!

大約 150 年前，英國有一位比頓夫人出版了《比頓夫人的家務打理書》（Mrs. Beaton' s Book of Household Management）。裡頭介紹了一種養病餐點，即本頁的吐司三明治。書中寫道：「將冷掉的吐司薄片夾在 2 片塗了奶油的麵包之間，再用鹽巴與胡椒調味。」英國皇家化學學會（Royal Society of Chemistry，RSC）為了紀念這本書出版 150 周年，復興了吐司三明治。他們讚揚這款三明治經濟實惠，也是營養價值很高的午餐首選。可別笑它只是用吐司夾吐司，它可是在上百年前發明，並獲得世界頂尖科學家認可，享有崇高榮譽的三明治呢。

材料（1 人份） **Recipe**

【麵包】吐司：3 片【餡料】奶油：適量／鹽和胡椒：適量

Memo

這款三明治簡單到了極點，所以材料上好歹要下點工夫，比如選則脂肪量較高的奶油；至於胡椒除了現磨以外，一切免談。

Tea Sandwich ‖ 下午茶三明治

可謂日本三明治源頭的優雅三明治

下午茶是指下午 3 點到 5 點之間，也就是晚餐前的點心時間。這是 19 世紀英國貴族圈樹立的習慣，而在下午茶時間享用的就是這款下午茶三明治，又稱手指三明治（finger sandwich）。它被譽為最優雅的三明治，通常使用柔軟的切邊白吐司，夾上切成薄片的小黃瓜、櫻桃蘿蔔等蔬菜與火腿、起司，不過其口味變化無窮，現在也會用全麥麵包、裸麥粗麵包（pumpernickel）製作。然而亙古亙今，關鍵材料從未改變，尤其優質的麵包與奶油，是下午茶三明治中不可或缺的元素。

Recipe

材料（各 1 人份）

A. 西洋菜＆雞蛋沙拉

【麵包】吐司：2 片／【餡料】雞蛋沙拉：1/4 ～ 1/3 杯 * ／西洋菜（剁碎）：1/2 杯【醬料】美乃滋：1 大匙

* 水煮蛋：1 顆／香草奶油：1 大匙／蝦夷蔥末：1 小匙／鹽、胡椒、紅椒粉：適量

B. 番茄＆切達起司

【麵包】吐司：2 片／【餡料】奶油：1 大匙／番茄片：4 片／陳年切達起司：1 片

Memo

傳統作法是將三明治切成四方形或三角形，但也可以發揮創意做成圓形或捲起來。小黃瓜是最經典的餡料，但也很多人喜歡夾咖哩雞、酪梨、煙燻鮭魚等等。

材料（各 1 人份） **Recipe**

C. 蘋果＆小黃瓜

【麵包】吐司：2 片【綜合蘋果餡（全部混合）】蘋果丁：1/4 顆／檸檬汁：1 大匙／奶油乳酪：50g／薄荷（剁碎）：2 小匙／平葉巴西里：2 小匙【其他餡料】小黃瓜片：1/4 根份

D. 櫻桃蘿蔔

【麵包】吐司：2 片【餡料】奶油：1 大匙／櫻桃蘿蔔切片：8 ～ 10 片

Tuna & Sweetcorn ‖ 鮪魚玉米三明治

英國和日本一樣，到處都買得到包裝好的三明治，口味也非常相似，例如鮪魚、雞肉沙拉、雞蛋等等。這裡介紹的是在日本也很受歡迎的鮪魚玉米三明治。不同味道與口感的衝突正是其魅力所在。另外也有雞肉玉米三明治。

材料（2 人份） 【麵包】全麥或雜糧吐司：4 片【餡料】沙拉：250g*【其他餡料】生菜：2 片【醬料】美乃滋：2 大匙

* 罐頭鮪魚：200g ／罐頭玉米：1/4 杯／鹽、胡椒：適量

Sausage Sarnie ‖ 香腸三明治

雖然英國和美國都說英語，兩者卻迥然不同。首先，用詞不同。三明治在英國不叫 sandwich，而是 butty 或 sarnie，所以這裡介紹的是一種類似美式熱狗堡的香腸三明治，只不過夾的不是美式熱狗，一定要是英國的豬肉香腸。

材料（1 人份） 【麵包】圓酸種麵包：1 個【餡料】英式豬肉香腸（煎過）：3 條／洋蔥切片：1/2 顆份／荷包蛋：1 顆【醬料】芥末籽醬：2 大匙／番茄醬：2 大匙

Bacon Butty ‖ 培根三明治

美國培根用的肉是豬五花，英國豬背培根用的則是豬里肌，所以脂肪含量極低。將培根煎脆，淋上棕醬，再用白吐司夾起來即可享用。英國人偏好沒烤過的吐司。

材料（1 人份） 【麵包】吐司：2 片【餡料】無鹽奶油：3 大匙／煎培根：3 片【醬料】棕醬：2 大匙

Picnic Sandwich

野餐三明治

美不美觀暫且不論，有時候填飽肚子才是最重要的

野餐三明治與優雅的下午茶三明治完全是兩個對照。首先，要填飽肚子，份量一定要充足。其次，既然要在戶外食用，就不適合像下午茶三明治那樣做成軟綿綿的三明治，材料水分也不能太多，以免麵包變得濕濕爛爛。所以麵包用的是脆皮麵包或英式漢堡包，又稱布里歐許的圓麵包。麵包內側抹上奶油，並避免番茄等水分較多的材料直接接觸麵包。只要確實遵守這兩項原則，野餐三明治就和下午茶三明治一樣千變萬化；不過最受歡迎的材料莫過於火腿。

材料（1人份） **Recipe**

【麵包】脆皮圓麵包（小圓法國麵包等等）：1個【餡料】奶油：1大匙／火腿：4片／切達起司片：4片／生菜：1片／番茄片：3～4片／小黃瓜片:4片／紫洋蔥圈:6片【醬料】芥末醬：1大匙

Memo

三明治做好後要用保鮮膜緊緊包起來，這樣之後拆掉時形狀才不會跑掉，而且材料的味道會更加融合，變得更好吃。

Welsh Rarebit

威爾斯兔子

象徵威爾斯的切達起司醬三明治

Rarebit 原本的拼法是 rabbit，也就是兔子，但這款三明治跟兔子一點關係也沒有，材料不只沒有兔肉，連其他肉也看不到。至於為什麼叫這個名字，實在無從得知，只知道它似乎早在 18 世紀就已經存在，主要材料包含威爾斯切達起司、艾爾啤酒和奶油；將這些材料做成濃郁的醬汁，淋在吐司上再拿去烤，就能充分享受切達起司的熟成香與濃郁口感。這裡介紹的食譜是額外加了番茄片與巴西里的豪華版；另外還有一種上面多放了荷包蛋的變化版三明治叫「buck rarebit」（鹿兒兔）。

材料（1 人份） Recipe

【麵包】吐司：1 片【餡料】威爾斯切達起司醬（rarebit）：25g* ／番茄片：8 片／平葉巴西里或羅勒：1 大匙

*奶油：1 小匙／威爾斯切達起司：20g ／麵粉：1 小匙／艾爾啤酒或牛奶：4 大匙／黃芥末粉：1 小匙／鹽和胡椒：適量

Memo

雖然不是非得使用威爾斯產的切達起司，但至少也要用英國產的切達起司。醬料中加蛋可以增加風味的醇厚度，也可以直接放上一顆水波蛋。

Scotch Woodcock

蘇格蘭山鷸

英國知名大學背書的療癒系美食

這款三明治跟威爾斯兔子一樣，沒有人知道為什麼要叫「woodcock」（山鷸），但要記得這是一款地位崇高的三明治，因為它和吐司三明治一樣是記載於比頓夫人著作中的古典三明治，而且英國眾議院的休息室、牛津大學、劍橋大學都有供應。這款三明治的材料沒有鳥肉，而是炒蛋與鹹鹹的鯷魚。麵包可以使用一般的白吐司，但帶有些許天然甜味的全麥麵包更適合。

材料（2 人份） **Recipe**

【麵包】全麥麵包：2 片【餡料】炒蛋：雞蛋 2 顆份＊／油漬鯷魚：6 片／蝦夷蔥末：適量／酸豆：適量

＊雞蛋：2 顆／重鮮奶油：1 大匙／奶油：1 大匙／鹽和胡椒：適量

Memo

也可以將鯷魚剁成泥後抹在麵包上。鯷魚非常鹹，所以炒蛋的鹽巴不要加太多。

Crisp Sandwich

洋芋片三明治

教人困惑的組合，
卻出乎意料地好吃

2015 年 3 月，TAYTO 洋芋片的快閃店於都柏林開張。快閃期間只有短短 10 天，但從第一天起就大排長龍。究竟是什麼樣的三明治吸引了這麼多人潮？ Crisp 是洋芋片的意思，而這款三明治簡單來說——雖然難以置信——就是用兩片麵包夾洋芋片。其實洋芋片三明治並不是近年興起的食物，從以前就很受歡迎，作法是吐司抹上奶油，再夾起洋芋片；其實這樣子意外地好吃，柔軟的麵包、酥脆的洋芋片，加上甘甜的奶油，簡直是絕佳組合。

材料（1 人份） **Recipe**

【麵包】吐司：2 片【餡料】奶油：適量／喜歡的洋芋片：1 小包

Memo

洋芋片的品牌不拘。奶油請挑品質好一點的，最好還是愛爾蘭奶油。食用前輕輕壓一下，將洋芋片弄碎一點才合乎禮儀。

Banana & Sugar Sandwich

香蕉糖霜三明治

吃了一口便會泛起鄉愁的懷舊滋味三明治

就在不久前，這款三明治可是廣大愛爾蘭孩童的最愛。時至今日，這款三明治在當地依然很受歡迎，而對現在二、三十歲的愛爾蘭人來說，這也是童年回憶中祖母的味道。美國無論大人小孩都愛吃花生醬三明治和果醬三明治，而愛爾蘭人對這款三明治或許也是同樣的感覺。對日本人來說，應該就相當於鮮奶油三明治吧。現吃的話可以稍微烤一下，全麥麵包烤過會更香，香蕉也會更甜。

材料（1 人份） Recipe

【麵包】全麥麵包：2 片【餡料】奶油：1 大匙／香蕉片：1 根份／糖粉：2 小匙

Memo

也可以用一般吐司製作，但我個人認為甜味材料比較適合搭配全麥麵包。也可以塗上巧克力醬或花生醬。

Corned Beef Sandwich ‖ 鹽醃牛肉三明治

遊行和鹽醃牛肉是美國聖派翠克節的兩大標誌，不過愛爾蘭的情況則不太一樣。這款三明治用的鹽醃牛肉要盡量切成薄片，而且建議不要使用鹽醃牛肉罐頭製作。

材料（2 人份） 【麵包】圓酸種麵包：2 個【餡料】薄切鹽醃牛肉（p.16、p.146）：200g／切達起司（sharp）：4 片／炒蔬菜：約 2 杯 *【醬料】美乃滋：2 大匙／芥末籽醬：1 大匙

* 奶油：2 大匙／洋蔥切片：1/2 顆份／高麗菜絲：1 杯／紅蘿蔔絲：1/2 杯／百里香：1 小撮／鹽和胡椒：適量

Breakfast Roll ‖ 早餐卷

這款以長麵包夾住多種香腸、培根、炒蛋的三明治，在愛爾蘭 1990 ～ 2000 年初的經濟起飛期成了國民美食。

材料（1 人份） 【麵包】小圓法國麵包或法棍（20cm）：1 個【餡料】愛爾蘭香腸：1 條／愛爾蘭豬背培根：2 片／白布丁或黑布丁：1 條／切達起司：2 片／荷包蛋或炒蛋：雞蛋 1 顆份【醬料】棕醬：2 大匙

Bramley & Bacon Butty ‖ 青蘋果培根三明治

布蘭利蘋果（bramley）的味道非常酸，很少人直接拿來吃，通常會做成派或塔，而在這款三明治則是拿來搭配豬背培根。蘋果烘烤後甜度會增加，搭配重鹹且味道厚重的藍紋起司以及培根，形成了美妙的和聲。

材料（4 人份） 【麵包】圓酸種麵包：4 個【餡料】奶油：2 大匙／炒愛爾蘭豬背培根：8 片／布蘭利蘋果或其他偏酸的蘋果（用奶油煎過）：1 顆／藍紋起司（捏碎）：4 大匙

Hangikjöt ‖ 燻肉三明治

Hangikjöt 的原意是吊起來的肉，指稱冰島傳統的煙燻肉品，可用羔羊肉、羊肉、馬肉製作，是慶祝節日時吃的傳統食物，因此冰島的聖誕節一定少不了它，通常會切成薄片鋪在一種黑麥麵餅上吃。這種麵餅的質地類似加了泡打粉的鬆餅，材料還包含優格，所以略帶酸味。

材料（6 人份） 【麵包】冰島黑麥麵餅（flatkaka）：6 片＊【餡料】奶油：6 大匙／煙燻羊肉或烤羊肉：150g／切達起司：8～10 片／煙燻鮭魚：8～10 片

＊麵粉：2 又 1/2 杯／泡打粉：2 小匙／鹽：1 小匙／砂糖：1 大匙／水煮馬鈴薯：2 顆／優格：100g／牛奶：1 杯

Pylsur ‖ 羊肉熱狗堡

冰島人自詡當地羊肉滋味更勝他國，連香腸也加了羊肉。他們的香腸混合了牛肉、豬肉、羊肉，增添風味層次。以味道來說，混合不同肉類的香腸遠比單一肉類製作的香腸好吃。在冰島提到熱狗堡，一定是用這種含羊肉的冰島香腸（pylsur），很多觀光客也會特地安排一個行程前往熱狗店品嚐這道美食。

材料（6 人份） 【麵包】熱狗堡麵包：6 條【餡料】冰島香腸或牛豬法蘭克福香腸（用啤酒煮）：6 條／紅蔥頭末：6 大匙／炸洋蔥片：適量【醬料】甜熱狗芥末醬（p.296）：4 大匙／雷莫拉醬（p.297）：4 大匙／番茄醬：4 大匙

Bratwurst im Laugenstangen

椒鹽香腸堡

一口咬下，肉汁爆發的超多汁香腸

紐倫堡至今仍然是全球知名的香腸產地，而Brätwurst（德國香腸的統稱）源自巴伐利亞邦（Bayern）弗蘭柯尼亞（Frankonia）地區，不僅是德國消費量最大的香腸之一，在美國也暱稱 brat，是很多人烤肉時會吃的香腸。德國各地的香腸都有鮮明的特色，粗細和味道也大不相同，其中以小牛粗絞肉和豬肉製作的粗香腸最適合這款三明治。使用的麵包不拘，但最適合的還是細長柔軟的棒狀鹼水麵包（laugenstangen）。必備配料包含德國酸菜（高麗菜製作的酸菜）、炒洋蔥和芥末籽醬。

材料（1 人份） **Recipe**

【麵包】棒狀鹼水麵包：1 根【餡料】奶油：1 大匙／德國香腸：1 根／德國酸菜：150g ／炒洋蔥片：1/3 顆份／鹽和胡椒：適量【醬料】黃芥末醬：1 大匙

Memo

較粗的香腸可以煮過再烤，避免外面烤焦但裡面沒熟，而且這樣也更好吃。煮香腸時也可以用啤酒代替水。

Butterbrot

奶油麵包片

德國三明治的原型，就是抹上一層厚厚奶油的麵包片

我曾聽某個德國朋友說，他發現美國很多三明治都是用麵包夾著配料，嚇了一大跳。原來在德國，三明治指的是這種奶油麵包片。Butter 是奶油，brot 是麵包，顧名思義，butterbrot 就是抹了大量奶油的麵包。在歐洲，尤其是北歐和東歐，傳統上都習慣吃一片麵包上放了各種配料的開放式三明治（open-faced sandwich），而這款奶油麵包片就是最單純、最基礎的形式。以前人大多使用小麥麵粉與裸麥麵粉以 1：1 比例製成的黑麥麵包來製作奶油麵包片，但現在已經沒有那麼講究，任何麵包都可以使用。

材料（1人份） **Recipe**

【麵包】灰麵包（p.285）：1 片【餡料】優質奶油：滿滿的

Memo

雖然使用麵包不拘，但最好還是用德國的黑麥麵包。可以的話，建議用酸種麵包取代一般酵母製作的麵包，風味會更有層次。

Bauern Omelette Sandwich

農家煎蛋三明治

無論早餐或任何一餐，隨時隨地簡單做、輕鬆吃

Bauern omlette 意思是農家煎蛋，但這當然不是農夫專屬的食物。德國人早餐和早午餐常吃煎蛋，不過也很多人當輕食或宵夜享用。世界各地都有煎蛋，日本的玉子燒也是一種煎蛋。這裡介紹的煎蛋比較單純，只用了青蔥、蘑菇和火腿丁，但德國國內的煎蛋千奇百怪，常見的用料有培根、水煮馬鈴薯、起司、洋蔥等等。蛋煎好後，夾進塗了奶油的全麥麵包即可享用；無論冷熱都好吃。

材料（2人份） **Recipe**

【麵包】全麥麵包：4 片【餡料】奶油：1 大匙／煎蛋：1 份 * ／生菜：2 片
* 雞蛋：2 顆／水煮馬鈴薯（切丁）：2 大匙／蘑菇切片：4 ～ 5 顆份／青蔥蔥花：1 根份／火腿丁：40g ／牛奶：1 大匙／鹽和胡椒：適量

Memo

蛋煎好後切成一半。煎蛋時，奶油和橄欖油各半比較不容易燒焦。配料可以用煎好的蛋夾起來，或是直接加入蛋液一起下鍋煎。加入剁碎的青花菜或菠菜也很好吃。

Leberwurst sandwich

豬肝腸三明治

用肝臟做的香腸，味道意外地溫和

德國豬肝腸（leberwurst）是這座香腸大國的經典香腸。從名字就可以看出它的主要材料是肝臟（leber），一般會使用豬肝或牛肝製作，還會添加肉豆蔻、馬鬱蘭、百里香等香料與香草，不過每個地方的口味都大相逕庭，反映出各地的飲食文化差異。德國豬肝腸通常會放在抹了奶油的黑麥麵包片上，搭配醃黃瓜切片，做成開放式三明治，不過這裡我要介紹一種加了番茄、生菜等經典配料的三明治，麵包也是用小圓德國麵包（brötchen），一種類似法國麵包的脆皮圓麵包。

材料（1人份） **Recipe**

【麵包】小圓德國麵包：1個【餡料】奶油：1大匙／德國豬肝腸切片：4片／啤酒焦糖洋蔥：2大匙／番茄片：2片／小黃瓜片：4片／艾曼塔起司片：1片／生菜：1片／迷你醃黃瓜切片：3片【醬料】美乃滋：1小匙／黃芥末醬：1小匙

Memo

放在豬肝腸上面的啤酒焦糖洋蔥作法如下：炒洋蔥時加入拉格（lager）或艾爾等啤酒慢慢熬煮至焦糖化。

Toast:Hawaii ‖ 夏威夷吐司

難不成德國人聽到夏威夷也會聯想到鳳梨？加入夏威夷元素的德國三明治真的很有趣，更教人驚訝的是，它還是道道地地源自德國的三明治，最早出現在 1950 年代的德國烹飪節目上。也有不少人會在鳳梨中央的洞裡放一顆罐頭櫻桃。

材料（1 人份） 【麵包】吐司：1 片【餡料（全部放到麵包上一起烤）】奶油：1 大匙／鳳梨片：1～2 片／黑森林火腿（煙燻生火腿）：1 片／艾曼塔、葛瑞爾或高達起司：30g／洛克福、戈貢佐拉等藍紋起司：2 小匙

Kottenbutter ‖ 奶油香腸三明治

豬絞肉香腸（mettwurst）與一般香腸不同，質地相當柔軟，保有生肉的口感，風味也比其他香腸強烈一點。如此有個性的香腸，適合搭配風味也很強烈的麵包。切成薄片的深色黑麥麵包就是最佳拍檔，例如裸麥粗麵包。

材料（1 人份） 【麵包】深色黑麥麵包（schwarzbrot）：2 片【餡料】奶油：2 大匙／豬絞肉香腸切片：4 片／洋蔥切片：1/4 顆份／辣芥末醬：1 大匙

Kassler:Melt ‖ 煙燻豬熔岩起司三明治

德國人做起美國人愛的熔岩起司三明治就是這個樣子。雖然這款三明治用的是丹麥產起司，但加了啤酒焦糖洋蔥就很有德國的特色；用豬肉取代火腿這一點也挺罕見的。黑麥麵包烤過後會變得更黑，但這不是燒焦。

材料（2 人份） 【麵包】德國黑麥麵包：4 片【餡料】里肌豬排薄片：4 片／啤酒焦糖洋蔥：2 大匙／哈瓦蒂起司（havarti）：2～4 片／奶油：2 大匙
【醬料】辣芥末醬：4 小匙●將奶油以外的餡料夾進麵包，麵包塗上奶油，用平底鍋煎

Heißes Wurstbrot

肉醬三明治

麵包淋上類義大利肉醬的熱三明治

別以為德國人只吃黑麥麵包，這個三明治就將巧巴達橫向剖開後盛上配料做成的開放式三明治。德國有一種三明治叫 wurstbrot，作法是用凱撒麵包夾肉或香腸；而這裡介紹的三明治可以說是其變化之一，只不過無論外觀還是味道都截然不同。從材料上使用番茄醬和巧巴達來看，似乎有很濃的義大利色彩。要說這是什麼樣的三明治，各位可以想成上面堆著義大利蔬菜肉醬的麵包。巧巴達稍微烤一下會更香脆。

材料（2 人份） **Recipe**

【麵包】小圓巧巴達：1 個【餡料】番茄燉肉：250 ～ 300g* ／特級初榨橄欖油：1/2 大匙
●將餡料堆在麵包上一起烤過，再淋上橄欖油
* 沙拉油：1 小匙／豬絞肉：150g ／紅椒和青椒切片：各 1/2 顆份／辣椒粉：1 小匙／鹽和胡椒：適量／披薩用番茄抹醬：30g ●將肉和蔬菜炒熟後，加入番茄抹醬燉煮

Memo

有些人也會用香腸代替絞肉，也可以拿兩片凱撒麵包夾起滿滿的餡料。將吃剩的義大利肉醬淋在麵包上也能做出相當接近的味道。

Döner Kebap Sandwich

旋轉烤肉三明治

天天有柏林人會吃的超人氣三明治

說德國人只吃香腸是一種偏見，因為德國也和其他歐洲國家、美國一樣，有來自各國的移民。1970 年代移民至柏林的土耳其人，開始販賣一種用皮塔口袋餅（pita）包肉做成的三明治，過去 20 年來，這種三明治已經完全融入在地，甚至成為德國最受歡迎的三明治之一。德國境內到處都看得到旋轉烤肉三明治的攤販，據説在柏林，攤販數量甚至比發源地伊斯坦堡還要多。德國的旋轉烤肉三明治和正宗的版本一樣，內餡有很多種變化，不過絕對少不了蔬菜和優格醬。

材料（2 人份） **Recipe**

【麵包】皮塔口袋餅：2 片【餡料】土耳其旋轉烤肉：350g* ／番茄片：1 顆份／紫高麗菜絲：1/2 杯／小黃瓜片：10 片／洋蔥切片：1/2 顆份【醬料】蒜香優格醬（p.295）：適量

* 小牛肉薄片：300g ／鹽和胡椒：適量／孜然粉：1/4 小匙／洋蔥泥：1 顆份／橄欖油：2 大匙

Memo

牛肉、羊肉、雞肉的口味也很受歡迎，也有全素口味。做出美味旋轉烤肉三明治的秘訣，在於口袋餅要先乾煎一下。

Entenbrust Sandwich ‖ 鴨肉三明治

Entenbrust 是鴨肉的意思。既然用了有高級感的鴨肉，自然會想將三明治做得精緻一些。鴨肉很適合搭配帶甜味的醬汁或水果；醋醃甜菜根也挺有德國風情。鴨肉本身不需太多調味，可以在配料上多花點心思，例如用瑞可達起司取代奶油乳酪，用其他莓果、無花果、蘋果、西洋梨取代蔓越莓也很好吃。

材料（2 人份）　【麵包】德式黑麥麵包：2 片【餡料】煎鴨肉：300g*／醋醃甜菜根（切片）：3～4 片／生菜：2 片【醬料】奶油乳酪：40g／蔓越莓（新鮮、罐頭、冷凍皆可）：1 大匙

* 帶皮鴨胸或鴨腿：300g／鹽和胡椒：適量

Fischbrötchen ‖ 魚肉三明治

1947 年，第二次世界大戰過後，佔領德國的英軍為振興德國經濟，在拉岑（Laatzen）舉辦了漢諾威工業展（Hannover Messe），至今仍是年年舉辦的全球最大工業展。而這款三明治就是第一屆展覽發放的食物。德國北部面波羅的海與北海，常吃得到魚，尤其這款三明治中使用的俾斯麥醃魚（Bismarck hering，醋醃鯡魚）更是當地至今不可或缺的傳統食品。

材料（1 人份）　【麵包】凱撒麵包或漢堡包：1 個【餡料】俾斯麥醃魚：1 片／迷你醃黃瓜切片：1 條份／紫洋蔥圈：4～6 片／生菜：1～2 片【醬料】雷莫拉醬（p.297）：1 大匙

Bierwurst ‖ 啤酒香腸三明治

德國啤酒香腸（bierwurst）是一種蒜味濃郁但口感柔軟、風味中庸的香腸，所以適合搭配味道柔和的高達或哈瓦蒂起司。建議搭配德國的油炸麵疙瘩（spatzle）和德式馬鈴薯沙拉。

材料（1人份）　【麵包】德式黑麥麵包：2片【餡料】奶油：2大匙／德國啤酒香腸切片：4片／高達或哈瓦蒂起司片：20～30g／番茄片：2片／小黃瓜片：4片／生菜：1片／鹽和胡椒：適量

Leberkässemmel ‖ 肝起司三明治

這是最能代表德國的三明治。Leberkäse 的意思是「肝起司」，口感和味道都很類似波隆那香腸。麵包最適合用圓型的小圓鹼水麵包（laugenbrötchen pretzel roll）。

材料（1人份）　【麵包】小圓鹼水麵包：1個【餡料】小黃瓜片：5片／厚切肝起司：1片／涼拌高麗菜（coleslaw）：1/4杯／番茄片：1片／櫻桃蘿蔔切片：5片／西洋菜：1/4杯【醬料】辣芥末醬：2小匙／蜂蜜芥末醬：2小匙

Schweinebraten Sandwich ‖ 烤豬三明治

Schweinebraten 的意思是烤豬，而這個三明治的作法是用麵包夾起一口大小的肉與南瓜；有些食譜還特別指定要用北海道南瓜。加了第戎芥末醬的酸奶油醬料搭配南瓜，滋味更是相得益彰。

材料（2人份）　【麵包】法棍：1個或巧巴達：2個【餡料】烤豬炒南瓜：500g*／生菜絲或芝麻菜：1杯【醬料】芥末酸奶油：2～4大匙

*烤豬肉：200g／南瓜切塊：200g／蘑菇切片：4～6顆份／辣椒粉、百里香：各1小撮／橄欖油：1大匙

Wiener Schnitzel ‖ 維也納炸肉排三明治

炸肉排是奧地利的家常菜之一

Schnitzel 是炸肉排的意思。日本人製作炸肉排時會先將肉敲軟，奧地利人也會這麼做，只是敲打程度不同。奧地利人會使勁地將肉敲得非常薄，將面積延展到原本的兩倍以上，有時邊緣甚至會被敲爛。麵衣的材料則和日本差不多，有麵粉、蛋、麵包粉，但炸的時候不會丟進油鍋，而是用奶油煎。使用的肉也不是豬肉，而是小牛肉，很多時候也會直接當成一道菜上桌。雖然德國也吃得到維也納炸肉排，但千萬不能忘記它是奧地利的國民料理。

材料（2 人份） Recipe

【麵包】小圓德國麵包：2 個【餡料】維也納炸肉排：2 片＊／培根：2 片／生菜：2 片／番茄片：4 片【醬料】黃芥末醬：2 大匙／美乃滋：2 大匙

＊小牛肉（切片）：2 片／鹽和胡椒：適量／麵粉：75g ／蛋液：1 顆／麵包粉：150g ／奶油：適量

Memo

一般會擠上檸檬汁享用，也有人會淋上濃郁的醬料。本頁食譜還加了香脆的培根，但不是必須。

Bosna ‖ 波斯納香腸堡

這是奧地利人人愛的街頭美食之一，簡單來說就是奧地利式的熱狗堡，不過大小是美式的兩倍左右。使用的香腸稱作波斯納（bosna）、波斯納香腸（bosnawurst），類似德國香腸；有時也會用其他香腸製作。這款三明治特別的地方在於撒了咖哩粉，喜歡香料風味的人可以盡量多撒一點。肚子餓時也可以夾兩根香腸。

材料（1 人份）　【麵包】小圓法國麵包或法棍（20cm）：1 個【餡料】波斯納香腸：1～2 條（先煮再烤）／洋蔥切片：2 大匙／平葉巴西里（剁碎）：2 大匙／咖哩粉：2 小匙以上【醬料】黃芥末醬：1 大匙／番茄醬、美乃滋：依個人喜好

Sardinen Brot ‖ 沙丁魚三明治

奧地利不靠海，不可能捕到沙丁魚，這款三明治用的沙丁魚是從葡萄牙進口。在奧地利，最受歡迎的沙丁魚罐頭品牌叫作 Nuri，據說其生產的沙丁魚罐頭有 50%會出口到奧地利，真是驚人。當然也不是非這個品牌不可，只要是油漬（且最好是橄欖油）沙丁魚都可以，自己做也行。

材料（2 人份）　【麵包】黑麥麵包：2 片【餡料】特級初榨橄欖油：2 小匙／新鮮奧勒岡：2 小匙／小番茄（切小塊）：2 顆份／罐頭沙丁魚或煙燻沙丁魚：4 條／黑橄欖：6～8 顆／洋蔥切片：8～10 片／鹽和胡椒：適量

Broodje kroket ‖ 可樂餅漢堡

材料（4人份）　【麵包】凱撒麵包或漢堡包：4個【餡料】可樂餅：8個*【醬料】辣芥末醬：1大匙
*[**A**　水：400ml／牛肉：300g／香草束：1捆][**B**　A的湯汁：200ml／無鹽奶油：30g／麵粉：30g／肉豆蔻粉：1/2小匙／平葉巴西里（剁碎）：1/2杯][**C**　蛋液：1顆／牛奶：2大匙（與蛋混合）／麵包粉：150g／沙拉油（炸油）：適量］●將A煮至肉質軟化，然後將肉切碎。B的奶油和麵粉、肉豆蔻粉先下鍋炒，然後加入A的湯汁做成醬汁，再加入巴西里和肉煮幾分鐘，然後放冰箱冷卻。冷卻後，捏成棒狀，外表裹上C的材料（順序為麵包粉、混合蛋液、麵包粉）再下油鍋炸至金黃。

很多人可能以為可樂餅是日本人的拿手菜，其實可樂餅是國際美食。以荷蘭為例，根據2008年的調查，荷蘭人一年會吃掉3億5千萬個可樂餅。不過荷蘭的可樂餅和日本大不相同。荷蘭的作法是先用一束香草（bouquet）煮熱水來燙牛肉塊，再將肉切碎做成餡，燙牛肉的湯則過濾後調味做成醬汁。形狀上也不同於日本的圓餅狀，是棒狀。荷蘭大型漢堡連鎖店也有賣這款三明治。

Broodje Bal ‖ 肉丸漢堡

夾著巨無霸肉丸切片的驚人三明治

Bal就是球，也就是肉丸的意思。有些肉丸比高爾夫球小一些，可以用筷子夾起來吃；有些肉丸會放在義大利麵上，沾滿了番茄醬，要用刀叉切開吃。我來到美國後大吃一驚的事情之一，就是肉丸竟然這麼大一顆，直徑足足超過3cm，而且有時候義大利麵上就放了3、4顆，又或是夾在潛艇堡裡面。然而荷蘭的肉丸比美國還大，直徑大概有4、5cm，吃的時候通常會淋上肉汁醬汁（jus／au jus，一種用肉汁製作的法式醬汁）。但不用緊張，這些巨無霸肉丸會切成片再上桌。

材料（4人份）　**Recipe**

【麵包】漢堡包：4個【餡料】荷蘭肉丸：4顆*1【醬汁】肉汁醬汁：1大匙*2
*1[**A**　牛絞肉：220g／豬絞肉：220g／麵包粉：1/2杯／牛奶：2大匙／洋蔥末：1顆份／雞蛋：1顆／鹽、胡椒、肉豆蔻粉、黃芥末粉：適量］／麵粉：2大匙／無鹽奶油：2大匙／水：1/2杯　●將A的材料加入盆中揉捏均勻。整體撒上麵粉後下鍋，用奶油煎至表面帶焦色。鍋中加水，蓋上鍋蓋悶煮，過程中須適時翻動肉丸　*2[**B**　牛肉清湯（beef broth）：1/2杯／鹽與胡椒：適量］／玉米澱粉：依個人喜好　●肉丸取出後，將B加入鍋中與剩下的湯汁混合。可以再加入玉米澱粉調整醬汁濃稠度

Memo

「jus」是法文，意思是「汁」，此處則指製作肉丸後用鍋中剩餘肉汁製作的醬汁。醬汁煮好後可以直接使用，也可以再加入少許麵粉或玉米澱粉增加稠度。

Broodje Garnalen met Komkommer

鮮蝦黃瓜開放式三明治

最適合當作點心和下午茶的海鮮三明治

這款三明治的材料與前一頁的肉丸不同，是清爽的鮮蝦與黃瓜（garnalen met komkommer），並且做成開放式三明治的形式。蝦子配黃瓜在歐洲很常見，微甜的青椒也帶來滿滿清涼感。優格美乃滋的作法很簡單，只要混合美乃滋、黃芥末醬和優格就完成了。優格能讓整體味道更溫和，辛辣的芥末則能帶來風味上的點綴，與海鮮相得益彰。蒔蘿是吃海鮮時必備的香草，只要加一點點就能提升海鮮的美味；但只限新鮮的蒔蘿。

材料（1 人份） **Recipe**

【麵包】黑麥麵包或義式麵包：1 片【餡料】小黃瓜片：5 片／水煮蝦仁：50g ／青椒丁和黃椒丁：各 1 小匙／蒔蘿：適量【醬料】優格美乃滋：1 大匙

Memo

這款開放式三明治通常是用黑麥麵包或法棍製作，但也可以改用切邊吐司或全麥麵包，做成時髦的開胃小點（canapé），或類似下午茶三明治的風格。

Broodje Pom

芋泥餅三明治

將芋泥烤成餅，再用麵包夾起來的奇特三明治

這款三明治十分特別，主要原料是原產自南美洲的芋頭（taro）；另一種類似的種類叫作千年芋（malanga）。題外話，千年芋用微甜的湯來煮會變得黏稠可口。日本常見的小芋頭也可以用來做這款三明治。日本也會將山藥泥做成類似甜不辣的食品，所以有些人吃這款三明治或許會沒來由地感到懷念。將其他材料與芋泥拌在一起，用烤箱烤過，就會做出類似玉子燒的綿軟食物。出爐後再切成適當大小，用長棍麵包夾起來，就能做出這款芋泥餅三明治。原來芋泥餅不只能配飯，做成三明治也不賴，真是一大發現。

材料（4 人份） **Recipe**

【麵包】短棍：4 個【餡料】芋泥餅（pom）：切成與麵包相同的大小 *【配料】紫洋蔥切片：5 ～ 8 片【醬料】辣醬：適量

*[A　沙拉油：5 大匙／奶油：100g ／雞胸肉（切絲）：200g ／洋蔥絲：1/2 顆份／蒜末：1 瓣份][B　辣醬：少許／柳橙汁、雞肉清湯（chicken broth）：各 1/2 杯／番茄泥：200g ／番茄丁：1/2 顆份／西洋芹丁：2 根份／辣椒粗片、肉豆蔻粉、多香果粉、鹽、胡椒：適量][C　千年芋（或小芋頭）泥：500g ／紅糖：1 大匙／英式甜泡菜（p.302）：2 大匙］　●將 A 炒熟後，再加入 B，以小火煮 30 分鐘。將 C 放入盆中拌勻備用。托盤抹油，依序倒入 C 的一半→ A → B →剩下的 C。蓋上錫箔紙，放入預熱至 200℃的烤箱，烤 1 小時，然後拆掉錫箔紙再烤 30 分鐘。

Curry Bunnies ‖ 咖哩三明治

荷蘭甜甜圈（oiebollen）是以大量牛奶與雞蛋製作麵團，發酵後再下鍋油炸製成。吃的時候通常會撒上糖粉，但這裡我拿來做成咖哩三明治。

材料（5 人份）　【麵包】荷蘭甜甜圈：5 個＊【餡料】羊肉或牛肉咖哩：10 大匙／香菜（剁碎）：適量
＊麵粉：1 杯／乾酵母：1 小匙／溫牛奶：1/2 杯／鹽：少許／雞蛋：1/2 顆／沙拉油（炸油）：適量　●將沙拉油以外的材料混合至看不見粉粒。待麵團發酵至兩倍大，即可下油鍋炸至金黃

Tosti ‖ 烤三明治

這是荷蘭版的庫克先生三明治。通常餡料是起司，或起司加火腿，但這裡介紹的食譜還加了義式風味。不過 tosti 一詞本來就源自義大利文的 tostare（烤），所以這種變化還算合理。

材料（1 人份）　【麵包】吐司：2 片【餡料】義式青醬（羅勒青醬）：1 大匙／酪梨切片：4 ～ 5 片／火腿：1 片／新鮮莫札瑞拉起司：2 片／奶油：適量　●用麵包夾起餡料，麵包表面塗上奶油，用平底鍋煎

Uitsmijter ‖ 開放式三明治

Uitsmijter 的意思是「扔出去」。據說這是在酒吧醉倒的人被趕出門之前最後吃的三明治，但其實這很適合當早餐或午餐。火腿可以用英式烤牛肉、培根、鮭魚沙拉取代，做出不同變化。

材料（2 人份）　【麵包】黑麥麵包：2 片【餡料】奶油：4 小匙／火腿：2 ～ 4 片／高達起司：4 片／小番茄切片：2 顆份／醃黃瓜切片：約 2 小根份／太陽蛋：2 顆／鹽和胡椒：適量

Broodje kaas ‖ 起司三明治

kaas 是起司的意思，而荷蘭最具代表性的起司就是高達起司。這款三明治沒有任何肉、魚或蛋。如果想要品嘗這種起司原本的風味，最好的吃法就是直接吃，或是夾在麵包中、放在麵包上。建議使用熟成過的起司，而我個人覺得陳年高達起司最美味。

材料（1人份） 【麵包】法棍（18cm）或短棍：1個【餡料】奶油：1大匙／陳年高達起司：2～3片／番茄片：1～2片（依個人喜好）／芝麻葉：1/2杯（依個人喜好）【醬料】芥末籽醬：1/2大匙

Gerookte Paling ‖ 煙燻鰻魚三明治

荷蘭人愛吃鰻魚，也會將鰻魚的皮做成釣餌。日本人也喜歡鰻魚，但比較難吃到正宗的荷蘭煙燻鰻魚。這種煙燻鰻魚相當美味，搭配醋漬的阿姆斯特丹洋蔥（Amsterdam onion）可以中和鰻魚的油膩感，兩者相得益彰。

材料（1人份） 【麵包】法棍（20cm）或短棍：1個【餡料】煙燻鰻魚切片：4～5片／阿姆斯特丹洋蔥（剁碎）：1大匙／茅屋起司：2大匙／蒔蘿（剁碎）：2小匙／鹽和胡椒：適量／生菜：2片

Broodje Frikandel ‖ 香腸三明治

荷蘭油炸香腸（frikandel）是一種老少咸宜的無腸衣香腸，市面上也買得到冷凍的現成品。製作這款三明治時，一定要加生洋蔥、咖哩味的美乃滋以及番茄醬。

材料（5人份） 【麵包】小圓布里歐許或熱狗堡麵包：5條【餡料】荷蘭油炸香腸：5條*／洋蔥末：1/4杯【醬料】咖哩番茄醬：2大匙／美乃滋：2大匙

*牛絞肉：250g／豬絞肉：250g／鹽、胡椒、多香果粉、洋蔥粉：適量／重鮮奶油：80g ●將配料混合後，用保鮮膜包起，水煮10分鐘。拿來製作三明治之前先用鍋子將表皮油煎過

Beschuit met Muisjes

小老鼠圓餅

荷蘭皇室也會吃的超重要食品

世界上的三明治無奇不有，美國或許堪稱搞怪第一名，但荷蘭也不遑多讓。Muisjes 是小老鼠的意思，儘管命名緣由不詳，但看到這小小的糖粒，似乎也不難理解。這些小鼠糖粒會放在荷蘭脆餅（beschuit）上吃。荷蘭人有個習俗，當新生兒誕生時就會準備這個小老鼠圓餅來慶祝。如果生女孩，就撒上粉紅色的小鼠糖粒，生男孩則用藍色的；而荷蘭皇室比較特別，會使用橙色的小鼠糖粒。荷蘭脆餅自 15 世紀就定型為圓盤狀。順帶一提，荷蘭孩童也很喜歡將小鼠糖粒磨碎後撒在麵包上當早餐吃。

材料（1 人份） Recipe

【麵包】荷蘭脆餅或其他麵包脆餅：1 片【餡料】奶油：1 大匙／小鼠糖粒：2 大匙

Memo

麵包務必塗上奶油，否則小鼠糖粒一定會掉下來。荷蘭脆餅很容易碎裂，因此塗奶油時必須特別小心。

Broodje Hagelslag

糖粒三明治

色彩繽紛的糖粒三明治

Hagelslag 就是糖粒，一種用砂糖製成的顆粒狀食品，通常會撒在冰淇淋、蛋糕、甜甜圈等點心上當裝飾。荷蘭人還會將大量糖粒撒在塗了奶油的麵包上吃。這款三明治不像小老鼠圓餅是慶祝時吃的東西，也不怎麼稀奇，只是非常普通的食物。他們也會拿巧克力屑（vlokken）配麵包吃。這種三明治在荷蘭相當普及，比利時也吃得到，但在德國就很少見。不過東南亞和澳洲也有類似的食物，所以一點也不古怪。

材料（1 人份） **Recipe**

【麵包】吐司：1 片【餡料】奶油：2 小匙／糖粒：2 大匙

Memo

可以將自己喜歡的糖粒或巧克力屑撒滿整片麵包，或是買那種一組很多種口味的糖粒，試試不同顏色的搭配也不錯。

Broodje Krabsalade

蟹肉三明治

這款三明治的主角是日本引以為傲的特產

這款三明治不只受比利時人歡迎，在荷蘭也很搶手。作法是將蟹肉沙拉堆在麵包上，堪稱極其奢華的三明治。不過仔細一瞧才發現，這個蟹肉沙拉似乎跟想像中的不一樣，因為上面放的不是蟹肉，而是蟹肉棒。雖然也有人會用真正的蟹肉製作，不過在歐洲，大多時候都是用稱作「sulimi」（日文的「魚漿」）的蟹肉棒。現在世界各地都吃得到蟹肉棒，比利時和荷蘭的超市也買得到現成的蟹肉沙拉。蟹肉沙拉在比利時主要是用來當作三明治的餡料；蟹肉棒是日本人發明的，外國卻出現了日本人無法想像的吃法，日本可不能落人後啊。

材料（2 人份） Recipe

【麵包】短棍：2 個【餡料】蟹肉沙拉：350g*／特級初榨橄欖油：2 大匙（烤麵包用）／生菜：2 片

* 蟹肉或蟹肉棒：300g／水煮蛋：1 顆／美乃滋：3 大匙／咖哩粉：1 小匙／重鮮奶油：少許／鹽和胡椒：適量

Memo

水煮蛋、咖哩粉、重鮮奶油是沙拉的關鍵材料。如果只用美乃滋會太膩口，但加了前面那些材料就能調整出圓潤的口感。

Broodje Martino

生牛肉三明治

不只是日本，歐洲也有食用生肉的習慣

歐洲人也很常吃生肉，這款三明治的主角就是生牛肉末（martino）。日本也會吃只有表面炙燒的牛肉，所以不難想像這款三明治有多麼美味。不過吃生肉時要小心寄生蟲的問題，比較安全的作法是將整塊肉的表面炙燒一下，將烤過的部分切下來剁碎。最好不要使用市售的絞肉製作，因為裡面可能混合了好幾頭牛的肉，藏有寄生蟲的機率較高，而且家用冷凍庫也無法有效殺死寄生蟲。

材料（1 人份） **Recipe**

【麵包】長棍（20cm）或短棍：1 個【餡料】生牛肉末：120 ～ 140g* ／番茄片：3 ～ 4 片／紫洋蔥丁：2 大匙／水煮蛋切片：1 顆份／醃黃瓜切片：3 ～ 4 片【醬料】美乃滋：1 大匙

* 表面炙燒後剁碎的牛肉：150g ／法式芥末醬：1 大匙／辣椒醬：1 小匙／伍斯特醬：少許／鹽和胡椒：適量　●混合所有材料

Broodje Zalmsalade

鮭魚沙拉三明治

使用風味十足的鮭魚罐頭
做出美美的三明治

用罐頭鮪魚製作的沙拉三明治在日本也很常見，用罐頭鮭魚做的倒是比較少看到。日本的鮪魚罐頭通常會加沙拉油，不過鮭魚罐頭是水煮的，所以使用前要將水分確實擠出，否則沙拉會變得水水的。比利時的鮭魚沙拉會加水煮馬鈴薯和水煮蛋，分量十足。調味料則是用橄欖油和醋代替美乃滋，口味比較清爽。蔬菜通常使用番茄和生菜，不過改成大量的芝麻葉，滋味會更上一層樓。搭配切達、高達、菲達等起司也不錯。

材料（4 人份） **Recipe**

【麵包】法棍切片：4 片【餡料】鮭魚沙拉：150 ～ 200g* ／水煮蛋切片：2 片／醃黃瓜切片：2 片／小黃瓜片：2 片／番茄丁：2 大匙／蒔蘿（剁碎）：適量

*罐頭鮭魚：80 ～ 100g ／水煮馬鈴薯（切丁）：1/2 顆份／美乃滋：2 大匙／伍斯特醬：1 小匙／洋蔥末：1/4 顆份／醃黃瓜（剁碎）：1 大匙／黃芥末 1/2 小匙　●將所有材料混合

La Mitraillette

衝鋒槍三明治

比利時發明的必殺機關槍三明治

Mitraillette 是衝鋒槍的意思，恐怕找不到其他名字一樣浮誇的三明治了。在比利時，尤其在布魯塞爾，這是最具代表性的三明治。作法是在法棍裡塞入牛排等大量餡料，還有多到麵包快夾不起來的薯條，彷彿一把裝滿彈藥的衝鋒槍。本頁介紹的食譜只是其中一例，也可以用小牛肉、雞肉、火雞肉、豬肉取代牛肉；醬料也有無限的變化，如美式、烤肉醬、墨西哥式、夏威夷式、哈里薩辣醬、咖哩、武士醬（本來是用來沾蝦子的）等等。

材料（1 人份） **Recipe**

【麵包】短棍：1 個【餡料】煎牛排或煎小牛肉切片：1 片／生菜：2 片或芝麻葉：1 杯／番茄片：3 片／薯條：10 根／鹽和胡椒：適量【醬料】法式伯那西醬（p.297）：1～2 大匙

Memo

蔬菜部分以番茄和生菜居多，但將生菜換成大量的芝麻葉會更美味。搭配切達、高達、菲達等起司也不錯。

Bagel Farciti

貝果三明治

連挑嘴的義大利人都對貝果讚不絕口

來自波蘭的猶太人將貝果帶進歐美國家。美國早已習慣將奶油乳酪抹在貝果上，做成三明治當早餐吃，而在注重傳統風俗、飲食文化相對保守的義大利，貝果也漸漸普及。義大利的首都羅馬已經有許多麵包店開始賣貝果，但或許是義大利人天性使然，他們吃貝果時並不甘於搭配奶油乳酪，通常會用史特拉奇諾起司（stracchino／crescenza）或瑞可達起司取代，兩種起司的質地都很綿軟，適合塗在貝果上。如果加上羅勒青醬，就更對義大利人的胃口了。

材料（1 人份） **Recipe**

【麵包】貝果：1 個【餡料】瑞可達起司：2 大匙／小番茄（切半）：5～6 顆份／烤過的松子：適量【醬料】羅勒青醬：1 大匙

Memo

如果是美式吃法，有時候也會加煙燻鮭魚，但如果想堅持義大利風格，可以選用義式生火腿（prosciutto，豬後腿的火腿），蔬菜則用芝麻葉。起司的部分，日本比較容易取得瑞可達起司，不過原版用的是史特拉奇諾起司，一種用牛奶製成的新鮮起司。這種起司具有溫潤的乳香，通常會跟果醬、蜂蜜一起提供，讓人抹在麵包上吃，也可用來製作佛卡夏的餡料或起司蛋糕。

Bruschetta al Pomodoro

羅勒番茄脆麵包

香脆大蒜麵包結合甘甜番茄
滋味妙不可言的三明治

法國和義大利那種外皮酥脆的麵包，統稱為「脆皮麵包」（crusty bread），法國長棍麵包或托斯卡尼麵包就是最典型的例子。普切塔（bruschetta）的原意，是將這種麵包烤過之後當作磨泥器，直接拿大蒜摩擦麵包表面做成的蒜香麵包。這款三明治作法非常簡單，只需放上甜度高的成熟番茄與新鮮羅勒葉。不塗奶油，但是會淋上大量特級初榨橄欖油。調味料只需要鹽和胡椒就夠了。只有對食材風味瞭若指掌的義大利人，才想得出這種單純但味道頗具深度的三明治。

材料（1 人份） Recipe

【麵包】托斯卡尼麵包之類的脆皮麵包：1 片【餡料】番茄丁：1 顆份／蒜末：1 瓣份／手撕新鮮羅勒葉：2～4 片份／特級初榨橄欖油：2 大匙／鹽和胡椒：適量

Memo

也可以將切碎的黑橄欖或酸豆與番茄混合。除了羅勒，奧勒岡也和這款三明治的風味很搭。羅勒最好用手撕碎，不要用切的。由於材料不多，所以品質更不能妥協，尤其番茄最好挑成熟且甜一點的。

Schiacciata

斯卡恰達

托斯卡尼人和西西里人熟悉無比的義式麵餅

斯卡恰達是一種類似佛卡夏的麵餅，在托斯卡尼地區，人們通常會直接吃，也經常用來做成火腿或鮪魚沙拉三明治。西西里的斯卡恰達與托斯卡尼地區的稍有不同，質地本身很類似，但會將烹調過的蔬菜或肉包進生麵團再拿去烤。用來包餡的麵餅非常薄，感覺很像派。斯卡恰達的餡料相當豐富，此處介紹的青花菜是最經典的一種。而製作三明治時，一定要使用羊奶做的新鮮起司，例如托馬（toma）、普利莫（primo sale）。

材料（4～6人份） **Recipe**

【麵包】斯卡恰達：1個或其生麵團：1個份【內餡】青花菜（燙過、炒過後切塊）：300～400g／托馬、普利莫或佩科里諾（pecorino toscano）起司：200～300g／黑橄欖切片：40～50g／青蔥蔥花：2根份／蒜末：1瓣份／特級初榨橄欖油：3大匙／鹽和胡椒：適量

Memo

一般調理過的餡料會用生麵團包起來後整個拿去烤，但如果用的是冷餡（例如鮪魚沙拉），則建議先將麵包烤好後橫剖開來，做成普通的三明治。

Muffoletta ‖ 馬夫雷塔

馬夫雷塔是西西里的麵包，外皮薄脆，內部柔軟，表面通常會撒上芝麻。這裡介紹的食譜非常簡單，能充分品嚐到馬夫雷塔本身的滋味。

材料（2 人份） 【麵包】馬夫雷塔（p.286）：1 個【餡料】特級初榨橄欖油：2 大匙／鹽和胡椒：適量／奧勒岡和白芝麻：各 1 小撮／油漬鯷魚：3 ～ 4 片／磨碎的馬背起司（caciocavallo）：2 大匙

Panelle ‖ 鷹嘴豆餅三明治

這是先用鷹嘴豆粉（或稱雞豆粉）製作鷹嘴豆什錦煎餅，再用馬夫雷塔夾起來做成的三明治。鷹嘴豆餅三明治是西西里巴勒莫（Palermo）非常受歡迎的街頭美食，可以依照自己的食欲選擇要疊 2 片還是 3 片煎餅。鷹嘴豆什錦煎餅放冰箱可以保存數天，所以也可以多做一點備著。

材料（2 ～ 3 人份） 【麵包】馬夫雷塔（p.286）：2 ～ 3 個【餡料】鷹嘴豆什錦煎餅：4 ～ 9 片 *

* 鷹嘴豆粉：100g ／水：150ml ／鹽：1/4 小匙／胡椒：適量／平葉巴西里（剁碎）：2 大匙／沙拉油（炸油）：適量　●將油以外的材料混合後下鍋油炸

Panino con la Frittata con la Rucola

‖ 芝麻葉烘蛋帕尼尼

義大利烘蛋用料豪華，有生火腿、芳堤娜起司（fontina）、帕瑪森起司，也經常加入芝麻菜、菠菜等蔬菜。

材料（2 人份） 【麵包】脆皮麵包（如托斯卡尼麵包）切片：4 片【餡料】烘蛋：1 個 *

* 雞蛋：3 顆／芝麻菜：2 杯／帕瑪森起司或佩科里諾起司絲：2 大匙／鹽和胡椒：適量／無鹽奶油：2 大匙

Pani ca Meusa ‖ 牛脾三明治

這是用牛脾臟做的經典西西里三明治，有時也會混合牛肺和食道。脾臟吃起來像肝臟，但腥味更少，非常美味。各位不妨就當上了我的當，嘗試看看。

材料（4 人份）　【麵包】馬夫雷塔（小）（p.286）：4 個【餡料】炒牛雜：500g* ／瑞可達起司：8 大匙／馬背起司或帕馬森起司絲：4 大匙／檸檬汁：適量
* 水煮牛脾臟切片或肺臟、食道等牛雜：500g ／豬油或奶油：2 大匙／鹽和胡椒：適量

Panino al Lampredotto ‖ 牛胃三明治

西西里人不浪費食物，連牛胃也會拿來做成三明治；感覺上有點像日本的牛腸鍋。據說牛的四個胃中，第四胃最好吃。別忘了盡情淋上用平葉巴西里做的莎莎青醬。

材料（4 人份）　【麵包】馬夫雷塔（小）（p.286）：4 個【餡料】燉牛胃（lampredotto）：600 ～ 800g*【醬料】巴西里莎莎青醬（p.295）：2 ～ 3 大匙
* 牛胃：500g ／紅蘿蔔丁：1 根份／西芹丁：2 根份／番茄丁：2 顆份／紫洋蔥丁：1/2 顆份

Panino Salsiccia e Broccoletti

‖ 青花筍香腸帕尼尼

這個食譜會將香腸的腸衣剝除後再烹飪。微辣的青花筍（broccoletti）與義大利香腸堪稱絕配。材料簡單，卻令人回味再三。順帶一提，青花筍其實是日本培育出來的蔬菜。

材料（2 人份）　【麵包】小圓巧巴達：2 個【餡料】水煮青花筍：1 ～ 2 把／小茴香籽：1 小匙／辣椒粗片：1 小匙／辣味義式香腸（去除腸衣）：2 條／特級初榨橄欖油：2 大匙／鹽：適量　●用同一個平底鍋炒香腸和青花筍

Pane Cunzato ‖ 番茄鯷魚三明治

喜歡吃菜、吃沙拉的人，看到這款蔬菜滿滿的三明治絕對會忍不住拍手叫好。蔬菜結合鯷魚、酸豆、橄欖的鹹香，形成絕妙的風味平衡。

材料（4 人份）　【麵包】圓形麵包（托斯卡尼麵包、恩娜麵包〔enna〕、圓法國麵包等等）：1 個【餡料】特級初榨橄欖油：2 ～ 3 大匙／橄欖：5 顆／番茄乾：4 顆／小番茄（切半）：10 ～ 15 顆份／羅勒葉：3 ～ 4 片／酸豆：2 小匙／紫洋蔥切片：1/4 顆份／油漬鯷魚：4 ～ 6 片／普利莫起司或莫札瑞拉起司：4 片

Puccia Salentina ‖ 薩倫托三明治

普恰（puccia）是義大利南部普利亞（Puglia）地區常拿來做三明治的傳統麵包。這座城市處處都有賣普恰三明治的店，客人可以從無數選項中選擇自己喜歡的配料，夾進普恰享用。

材料（1 人份）　【麵包】普恰（p.287）：1 個【餡料】熟火腿：1 片／葛瑞爾起司（gruyère）或波芙隆起司（provolone）：20g ／烤茄子片：2 ～ 3 片／烤櫛瓜片：4 片／烤嫩朝鮮薊：1 ～ 2 個／番茄片：2 ～ 3 片／芝麻葉：1/2 杯／特級初榨橄欖油：適量／鹽和胡椒：適量

Panino Caprese ‖ 卡布里沙拉帕尼尼

這是享譽國際的義大利三明治之一，作法是將莫札瑞拉起司抹上麵包，放上番茄厚片，再放上大片的羅勒。夾好配料後再用帕尼尼機烤過，這不只能增加巧巴達的香氣，起司也會融化。推薦使用含鮮奶油的莫札瑞拉起司。

材料（4 人份）　【麵包】小圓巧巴達：1 個【餡料】番茄片：3 ～ 5 片／新鮮莫札瑞拉起司：3 ～ 4 片／鹽和胡椒：適量／特級初榨橄欖油：1 大匙／乾奧勒岡：1/2 小匙　●將所有配料夾好後用帕尼尼機烤

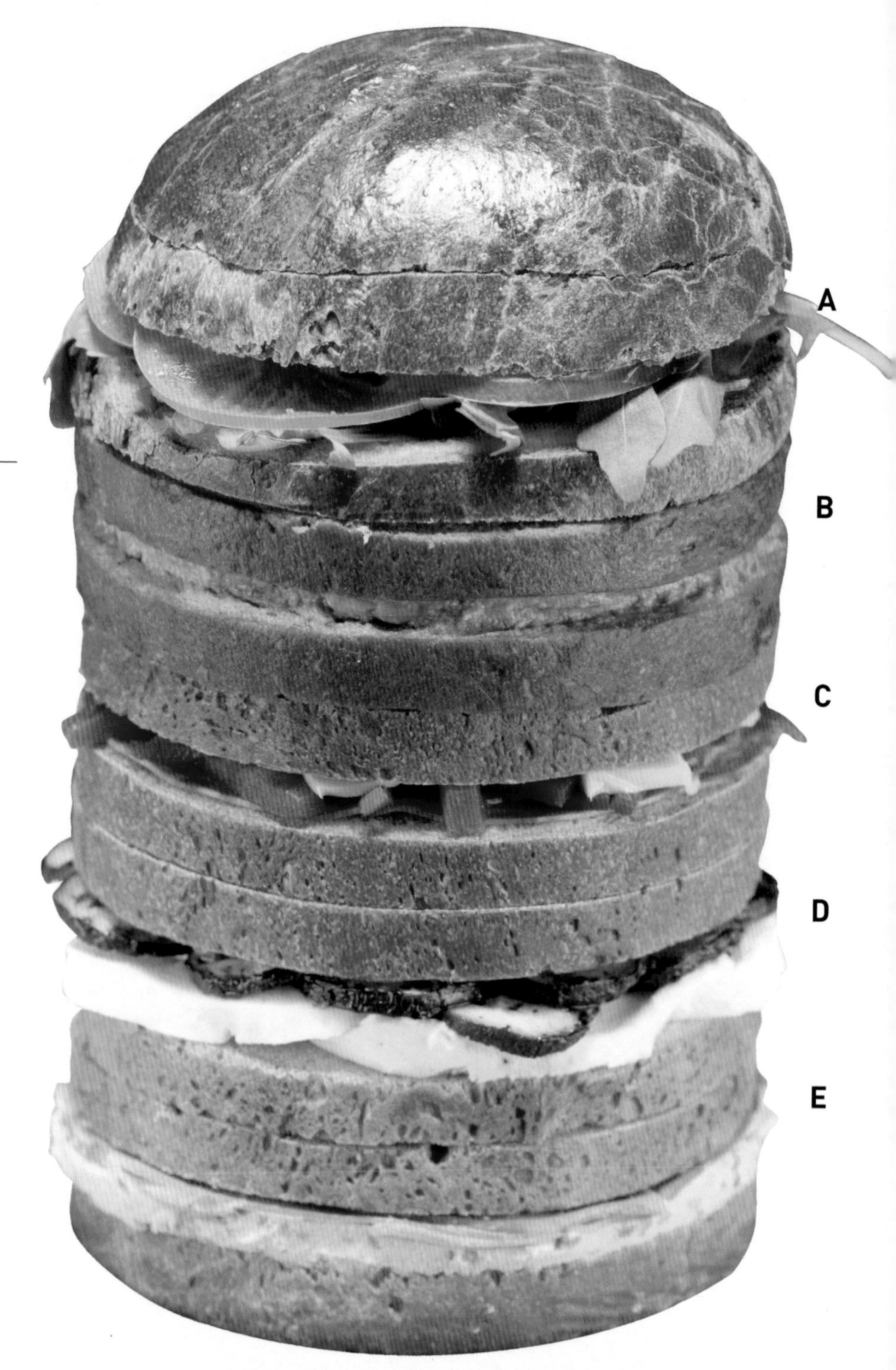
A
B
C
D
E

Panettone Gastronomico

美饌潘娜朵妮

高度將近 30 公分的極致華麗三明治

潘娜朵妮（panettone）是源自米蘭的聖誕節蛋糕。不過這裡介紹的潘娜朵妮則是一種很高的布里歐許（麵包），又稱鹹味潘娜朵妮（salty panettone）。作法和蛋糕版一樣，將麵團放入紙模，待麵團發酵到高出模具的程度後進烤箱烤。有趣的來了，出爐後要立即拿幾根竹籤插在底部，倒扣冷卻，避免麵包變形。然後將潘娜朵妮切片，夾入喜歡的食材即可。這款三明治沒有固定的食譜，人人都能發揮想像力創造獨特的口味，而這種趣味也是這款全球最豪華三明治的魅力所在。

材料（4～6 人份） **Recipe**

【麵包】鹹味潘娜朵妮：1 個 *
*（1 個份）0 號麵粉※：400g ／牛奶：120g ／無鹽奶油：80g ／糖：40g ／乾酵母：2 小匙／鹽：1 小匙／蜂蜜：1 小匙

【餡料】

A. 番茄 & 芝麻菜
番茄片：4 ～ 6 片／芝麻菜：1 杯／羅勒葉：4 片／特級初榨橄欖油：1 大匙／鹽和胡椒：適量

B. 酪梨抹醬
酪梨：1 顆／特級初榨橄欖油：1 大匙／檸檬汁或萊姆汁：1 大匙／鹽和胡椒：適量

C. 義式臘腸、甜椒 & 艾曼塔起司
熱那亞臘腸（genoa salami）或其他義式臘腸（salami）：6 ～ 8 片／瓶裝烤甜椒：1 顆份／艾曼塔起司片：40g

D. 莫札瑞拉起司 & 櫛瓜、鯷魚
櫛瓜切片：1 條份／特級初榨橄欖油：1 大匙／新鮮莫札瑞拉起司：1 塊／油漬鯷魚：2 片／鹽：適量

E. 義式起司醬 & 熟火腿
馬斯卡彭起司：100g ／義式起司醬（p.297）：4 大匙／義式肉腸（mortadella）切片：100g ／開心果碎：1 大匙

Memo

不一定每片麵包之間都要夾餡料，也可以每隔兩片麵包夾一層餡，這樣還可以拆分不同的三明治品嘗各自的味道，又不會破壞整體造型。

※ 義大利麵粉是依麩質含量與粗細度分級，由多到少（粗到細）依序為 TIPO 2 ＞ TIPO1 ＞ TIPO 0 ＞ TIPO 00。TIPO 即 TYPE（號）的意思

A
B
D
C

Tramezzino

翠梅吉諾

許多人喜歡在午餐或點心時間吃的義大利版下午茶三明治

翠梅吉諾又稱威尼斯下午茶三明治，據說是1926年發明於目前仍在杜林（Torino）營業的穆拉薩諾咖啡館（Caffè Mulassano），這家咖啡館至今仍供應多達30種翠梅吉諾。Tramezzino是咖啡館自己發明的詞彙，為的是避開英文的「sandwich」。這個單字源自「tramezzo」，意思是「夾在裡面」；字尾的「-ino」則是「小」的意思。最原始的翠梅吉諾是將切邊麵包切成三角形或四角形，但現在則能看到許多創意十足的作法，例如將麵包切成圓形、捲成海苔手卷的樣子，或是做成開胃小點的形式。不過，一般咖啡館供應的翠梅吉諾依然保留傳統的三角形或四角形，而且三角形至今仍是主流。這款三明治在義大利本土以及奧地利很受歡迎，不過其發源地位於義大利北部，因此在威尼斯更是人人愛。麵包的部分幾乎都是用類似日本吐司的白吐司，口感相當濕潤、柔軟，不過偶爾也會用全麥麵包製作。內餡則和英國的下午茶三明治不同，大多使用義大利特色食材。

材料（各1人份） **Recipe**

【麵包】吐司：各2片
【餡料】

A. 無花果醬＆山羊起司
熟成山羊起司（例如義式山羊起司、拉加羅查）：4片／糖煮無花果（切片）：1～2顆份／松子：適量

B. 茄子＆羅比奧拉乳酪
炒茄子：1/2～1/3杯*／羅比奧拉起司（robiola）：100g／羅勒葉：2～3片／鹽和胡椒：適量
*茄子（小）切塊：1根份／洋蔥末：1/2顆份／蒜末：1瓣份／特級初榨橄欖油：1大匙／水：2大匙

C. 風乾牛肉＆芝麻菜
風乾牛肉（bresaola）：50g／新鮮山羊起司或瑞可達起司：40g／芝麻菜：適量

D. 莫札瑞拉起司＆番茄乾
新鮮莫札瑞拉起司：4片／番茄乾：4～6顆／特級初榨橄欖油：2～4大匙／鹽：適量

Memo

義式山羊起司（Formaggio di capra）和拉加羅查起司（garrotxa）分別是來自義大利與西班牙的山羊起司。風乾牛肉很像牛肉版的生火腿，羅比奧拉起司則很像布里起司。

Barchette di Pane Ripiene

焗烤小船包

形狀有如池上小船的時髦三明治

將布滿穀物的小麵包中心挖空，填入用炒茄子、櫛瓜和起司製成的內餡，再用 180 度的烤箱烤約 25 分鐘。等到起司融化，蛋也凝固，美味的三明治就完成了；感覺很像塞了起司蔬菜煎蛋的麵包。Barchette 是小船的意思，也常用來指稱這款像小船一樣的三明治。吃的時候可以整顆拿起來咬，也可以切成片一口吃下。這款可愛的三明治適合當作午後小點、派對點心或前菜，保證小孩子也能吃得津津有味。

材料（4 人份） **Recipe**

【麵包】雜糧西西里圓麵包：4 個【內餡】炒茄子（小）與櫛瓜（切小塊）：各 1 條份／熟火腿丁：50g／義式生培根（pancetta）：35g／帕馬森起司絲：1 大匙／瑞可達起司：2 大匙／蝦夷蔥末：1 大匙／雞蛋：3 顆／橄欖油：1 小匙／鹽和胡椒：適量【外衣】蛋液：1 顆份

Memo

填餡時要盡量讓每種食材分布均勻，並保持一定的水分。但水分也不能太多，否則麵包會過度濕軟。

Panino con il Polpo ‖ 章魚帕尼尼

愛吃海鮮的義大利人連章魚也能做成三明治。章魚會跟大蒜、洋蔥等蔬菜一起炒過，並用檸檬汁調味，有人或許會覺得奇怪，但其實很好吃。

材料（2 人份）　【麵包】小圓巧巴達：2 個【餡料】炒章魚：500g*／水煮馬鈴薯（稍微搗碎）：2 顆份／芝麻菜：1 杯／佩科里諾起司絲：2 大匙

* 水煮章魚（切成一口大小）：500g／蒜末：1 瓣份／平葉巴西里（和大蒜一起炒）：10g／鹽和胡椒：適量／特級初榨橄欖油：2 大匙

Panino Parmigiana di Melanzana

‖ 焗烤茄子帕尼尼

茄子加番茄醬汁和起司焗烤過後再夾進巧巴達，餡料滿到嚇死人，讓人看了口水直流。

材料（4～6 人份）　【麵包】小圓巧巴達：4～6 個【餡料】（焗烤）茄子疊上起司、番茄醬汁（tomato sauce）：4～6 人份*

* 炸茄子片：4～6 條份／波芙隆起司：300g／帕馬森起司：200g／番茄醬汁：750g／炒洋蔥丁：1 顆份（加番茄醬汁燉煮）／羅勒葉：4～6 片／橄欖油：2 大匙／鹽和胡椒：適量／沙拉油（炸油）：適量

Panino al Tonno ‖ 鮪魚帕尼尼

義式風格的鮪魚三明治不會加美乃滋，橄欖的鹹味與高品質橄欖油的風味才是主角。軟軟的水煮豆子穿插脆脆的蘿蔓萵苣，形成口味清爽的三明治。

材料（2 人份）　【麵包】小圓巧巴達：2 個【餡料】鮪魚沙拉：500g*

* 罐頭鮪魚：180g／蘿蔓萵苣或其他綠色蔬菜（剁碎）：200g／罐頭菜豆（紅腰豆）：120g／綠橄欖和黑橄欖（切片）：各 4 顆份／特級初榨橄欖油：2 大匙／鹽和胡椒：適量　●將所有材料混合

Panino Prosciutto e Fichi

無花果火腿帕尼尼

美味關鍵在於生火腿的鹹搭配無花果的甜

無花果的產季在夏天，所以漫長的冬季，我總是盼望能趕快吃到這款三明治。雖然也可以用果醬或果乾過過乾癮，但這些跟新鮮的無花果終究是兩回事。春天一到，我就天天跑超市看到底有沒有無花果。等到五月中旬，我終於買到了第一批採收的無花果；緊接著又跑了趟麵包店買剛出爐的迷迭香佛卡夏。其他材料只需帕馬火腿、新鮮莫札瑞拉起司、芝麻菜和薄荷。帕馬火腿紮實的鹹味、無花果的甜美、莫札瑞拉起司的乳香，再搭配芝麻菜那微辛辣的堅果風味，各種滋味與口感相互交織，形成美味無比的三明治。

材料（6～8人份） Recipe

【麵包】迷迭香佛卡夏：1個【餡料】聖丹尼爾生火腿（prosciutto di San Daniele）或帕馬生火腿：6～8片／無花果切片：4～6顆份／新鮮莫札瑞拉起司切片：2塊份／芝麻菜：2～3杯／新鮮薄荷葉：20片

Memo

一定要用品質好一點的材料，無花果非新鮮的不可，火腿也一定要用聖丹尼爾火腿或帕馬火腿。

Panino con la Porchetta ‖ 脆皮豬帕尼尼

材料（1 人份） 【麵包】小圓巧巴達：1 個【餡料】義式脆皮燒肉捲：150 ～ 200g ／巴西里莎莎青醬（P.295）：2 大匙

義式脆皮燒肉捲（porchetta）是一種風味飽滿的烤乳豬，作法是用帶皮的豬肉，拿尖銳的刀子劃開表皮至脂肪層，但不要切到肉。烤好後，劃開的部分會形成琥珀色的脆皮（cracking），然後連皮帶肉一起盛盤上桌。脆皮燒肉捲是拉齊奧（Lazio）地區的名產，不過義大利中部處處都有人會拿來做成各式各樣的帕尼尼販賣。

Piadina con Cotto e Carciofini

‖ 朝鮮薊烤餅

材料（2 人份） 【麵包】義式烤餅（piadina）：2 片 *【餡料】熟火腿：2 片／油漬朝鮮薊心的切片：2 顆份／波芙隆起司：4 片／蘿蔓萵苣：4 片

*（4 ～ 6 片烤餅的材料）麵粉：320g ／豬油、奶油或橄欖油：50g ／小蘇打粉：2 小匙／鹽：1 小匙／水：160ml

Piadina 是北義羅馬尼亞地區的烤餅，屬於比較特別的義式麵包。它和地中海地區的皮塔口袋餅不同，製作時不使用酵母，而是用小蘇打粉，並且是用平底鍋煎熟。吃起來有點像口感偏硬、更厚一點的印度煎餅（roti）。街上也很常看到用這種烤餅夾肉、冷切肉（cold cut，如火腿）和蔬菜做成的三明治。

Brioche con Gelato

冰淇淋布里歐許

西西里人喜愛的冰淇淋三明治

義式冰淇淋（gelato）在日本也很常見，其脂肪含量較一般冰淇淋低，空氣含量也較少，所以質地綿密、味道香濃。美國人會用餅乾夾冰淇淋吃，西西里人則會用布里歐許夾冰淇淋吃。麵包配冰淇淋乍聽之下很奇怪，但冰淇淋跟甜的布里歐許簡直是絕配，而且吃起來也沒有餅乾那麼麻煩。聽說還有西西里人會吃這款三明治當早餐。義式冰淇淋有很多種口味，而使用西西里名產——朝鮮薊製作的義式冰淇淋，更是其他地方吃不到的味道，有機會一定要試試看。

材料（1 人份） **Recipe**

【麵包】布里歐許：1 個【餡料】義式冰淇淋：2 球（此處的口味為開心果和巧克力）／荷蘭煎餅：1 片（依個人喜好）

Memo

如果是自己要吃，就不必拘泥於義式冰淇淋和布里歐許，用奶油餐包夾一般的冰淇淋也是個好主意。

Panino au Nutella

能多益帕尼尼

家家戶戶必備的義大利名產，餐桌上少不了的能多益

能多益是 1946 年問世的榛果可可醬，當時市場上可可供應量不足，榛果卻相當充裕，因此就有人將兩者混合，開發出現今能多益的原始食譜。如今，能多益更走出義大利，暢銷於美國和亞洲各地。不過我覺得義大利當地生產的能多益，和其他國家生產的味道不太一樣。美國賣的是加拿大做的，日本賣的應該是澳洲做的。雖然我不清楚日本的能多益到底怎麼樣，但義大利的能多益跟美國賣的比起來，味道更柔和、口感更滑順。

材料（1 人份） Recipe

【麵包】全麥或雜糧麵包：2 片【餡料】奶油：1 大匙／能多益：2 大匙／糖粉：1 小匙

Memo

美國無論大人小孩都會將能多益塗在香蕉上吃。能多益和花生醬都是餐桌上不可或缺的東西。

Ftira with Tomato and Olive

番茄橄欖三明治

地中海小島國的傳統麵包與三明治

馬爾他是位於地中海的島國，因地理位置關係，既沾染了義大利文化，也受阿拉伯文化和非洲文化的影響。馬爾他過去受英國統治，1964 年才獨立，因此自然也深受英國文化的薰陶。在這樣多元交錯的文化影響下，馬爾他形成了獨特的飲食文化；其中受西西里島的影響尤深，而弗提拉（ftira）就是這般文化與傳統中傳承下來的馬爾他麵包之一。這是一種中間有洞的麵餅，橫剖開來，淋上橄欖油，放上番茄、橄欖後夾起來，就能做出這款充滿馬爾他天空與海洋意象的清新三明治。

材料（2～4 人份） **Recipe**

【麵包】圓形弗提拉（20cm）：1/2 個【餡料】番茄（切成一口大小）：2 顆份／酸豆：1 大匙／黑橄欖切片：6 顆份／羅勒葉：6 片／薄荷葉：6 片／特級初榨橄欖油：4 大匙／鹽和胡椒：適量

Memo

馬爾他還有一種披薩也叫 ftira，常常有人會搞混，不過兩者截然不同，也都值得一試。

Hobz Biz-Zejt ‖ 橄欖油香麵包

美味的主角是令人難忘的麵包三明治

橄欖油香麵包（Hobz Biz-Zejt）是馬爾他的代表麵包之一；前面提到的弗提拉算是這種麵包的變化版。雖然世界各地都有使用酸種而非一般酵母製作的麵包，但使用一般酵母發麵的作法還是大宗。而馬爾他的麵包師傅時至今日依然堅持傳統作法，拒絕添加酵母。這種作法烤出來的麵包外皮輕薄酥脆，內部相當柔軟且有許多氣孔，吃的時候常會切成厚片，塗上當地特產：馬爾他番茄醬（kunserva，味道很甜），然後放上鮪魚或鯷魚，還有番茄，再淋上橄欖油。這份滋味就算放眼全球也是名列前茅。

材料（1 人份） **Recipe**

【麵包】橄欖油香麵包切片：1 片

【餡料】酸豆：1 小匙／罐頭鮪魚：4～6 大匙／鹽和胡椒：適量／特級初榨橄欖油：1 大匙／平葉巴西里：適量【醬料】馬爾他番茄醬或一般的番茄醬：1 大匙

Memo

我用橄欖油香麵包製作三明治時會盡量從簡，凸顯麵包本身的風味。馬爾他番茄醬不好買，所以我用普通的番茄醬代替。

Pan Bagnat

尼斯三明治

法國最知名的三明治之一

尼斯三明治是盛行於普羅旺斯地區的街頭小吃，在尼斯一帶的麵包店和市場都買得到。麵包通常是用全麥鄉村麵包或圓法國麵包（boule），製作時會將麵包橫剖開來，填滿用當地產食材製作的「尼斯沙拉」（salade niçoise）。主要材料包括番茄、橄欖、鮪魚、鯷魚、蒜頭等等，通常還會加入朝鮮薊、芝麻葉、羅勒、高達起司等。Bagnat 在法語中的意思是「濕潤的麵包」，只要實際吃過，就能充分理解為什麼取這個名字。

Recipe

材料（2～4 人份）

【麵包】直徑約 20cm 的鄉村麵包或圓法國麵包：1個（切半，挖掉一點麵包芯）
【餡料】特級初榨橄欖油：4 大匙／白酒醋：2大匙／鹽和胡椒：適量／番茄片：3 顆份／櫻桃蘿蔔切片：4～6 顆份／水煮蠶豆：8～10 顆／青椒切片：1 顆份／醃嫩朝鮮薊切片：4 顆份／青蔥蔥花：1 根份／水煮蛋切片：2～3 顆份／橄欖油漬鯷魚：6～8 片／罐頭鮪魚：120g／黑橄欖切片：4～6顆份／羅勒葉：4～6 片

Memo

三明治做好別急著吃，建議冷藏一個晚上，等每種材料的風味融合之後會更好吃。

Jambon Beurre

火腿奶油三明治

講究食材才能打造出來的美味三明治

法國人對法棍非常挑剔，如同日本人對米飯十分講究；據說判斷法棍好不好吃的方法，就是將麵包放在耳邊，以拇指和食指輕捏，聽會不會發出清脆的聲音。這款三明治正是使用法國人引以為傲的法棍，抹上滿滿的奶油，再夾上巴黎人自豪的「巴黎火腿」（jambon de Paris，白火腿）。雖然巴黎人以這種火腿為榮，但也不會一次夾一大堆。這款三明治在法國，特別是巴黎非常受歡迎。只要用料好，就不需要多餘的配料；有時多餘的配料只會畫蛇添足，唯有上乘食材相互搭配，才能造就這款講究的三明治。

材料（1 人份） **Recipe**

【麵包】短棍或法棍（20cm）：1 條【餡料】奶油：適量／巴黎火腿：2 片

Memo

雖然用義大利的聖丹尼爾火腿、帕馬火腿，或西班牙的索蘭諾火腿（jamón serrano）、伊比利火腿來製作也很美味，但這樣就成了截然不同的東西。

Croque Monsieur

庫克先生三明治

份量滿點、在日本也大受歡迎的三明治

庫克先生三明治是一種在日本也眾所周知的火腿起司三明治，不過原汁原味的庫克先生三明治和日本熟悉的作法不太一樣，傳統上使用的麵包雖然很像吐司，但其實是一種叫作龐多米（pain de mie）的麵包，奶油和牛奶的含量較高，帶有些許甜味。起司通常使用葛瑞爾起司、艾曼塔起司或康提起司（comté cheese），不過道地的庫克先生三明治，起司不只會夾在麵包間，還會放在麵包上面。也有很多人喜歡再淋上白醬、乳香四溢的變化版。而庫克太太三明治（Croque Madame）則是上面多放了水波蛋或荷包蛋的版本。除此之外，還有使用各種起司、香腸、醬汁的豐富變化，超乎想像。

材料（1人份） Recipe

【麵包】龐多米或一般吐司：2片【餡料】奶油：2大匙／艾曼塔或葛瑞爾起司細絲：40g／火腿：2片／乾羅勒：1小撮

Memo

由於麵包上面也放了起司，所以製作上較適合用烤箱，用平底鍋會不太方便。法國還有專門用來製作庫克先生三明治的烤盤。

Sandwich À l'Omelette

煎蛋三明治

煎蛋三明治是全球常見的三明治

法國的煎蛋比義大利和西班牙簡單，像這款煎蛋三明治只用了法式培根丁（lardons），連蔬菜或起司也沒加；很多時也會只用蛋來製作，嚴格說起來還比較像日本的玉子燒。但是三明治用的煎蛋會做得比較薄，而且會完全煎熟，並不像日本的玉子燒那樣內部是半熟狀態。話雖如此，也千萬不能煎過頭。餡料除了煎蛋，還有番茄，不過番茄不會跟蛋一起煎，而是切成片直接夾進法棍，然後再放上剛煎好的煎蛋。由於法棍比較硬，吃起來可能沒那麼方便，所以也可以改用軟一點的麵包。

材料（1 人份） **Recipe**

【麵包】法棍（20cm）：1 條【餡料】煎蛋：1 份 * ／番茄片：3 ～ 4 片
* 雞蛋：2 顆／法式培根丁或義式生培根丁：2 大匙／奶油：2 大匙／鹽和黑胡椒：適量

Memo

如果找不到法式培根丁，可以用義式生培根取代。兩者都類似我們常吃的培根，只是義式生培根可以直接食用，而法式培根需要經過烹調。

B
A
D
C

Tartine

塔緹

至今仍不斷推陳出新的法國開放式三明治

據說開放式三明治早在中世紀就已經出現，歐洲各地都有開放式三明治，其中又以丹麥等北歐國家的開放式三明治特別有名。東歐也不少；而義大利也有普切塔或作為開胃菜的克羅斯提尼（crostini）。目前最常用來製作塔緹的麵包是法棍，作法是麵包切片後放上起司、火腿和蔬菜。tartine 這個詞的意思似乎是上面放了某些東西的一片麵包，有些人也稱只塗抹奶油的麵包片（像德國一樣）為塔緹。法國人經常在早餐時吃塔緹，有人會將法棍水平切片，抹上奶油，再塗上一層果醬，然後咬下一口；也有人會浸泡咖啡歐蕾或熱可可再吃。說起來，塔緹是一種吃法，配料自然充滿無限可能。

材料（各 1 人份） **Recipe**

【麵包】法棍切片：各 1 片

【餡料】

A. 煙燻鮭魚＆小黃瓜

山羊起司：2 大匙／煙燻鮭魚：1 片／小黃瓜片：1 片

B. 康提起司＆奶油

火腿：1 片／康提起司絲：2 大匙／法式酸奶油：1 大匙／芝麻菜和綠胡椒：適量　●將火腿和起司放在麵包上拿去烤，烤完再放上其他配料

C. 西洋梨＆洛克福起司

奶油：1 大匙／西洋梨（切丁）：1/2 顆份／西洋芹末：3cm 份／洛克福起司或其他藍紋起司：30g ／綠胡椒（搗碎）：適量

D. 瑞可達起司＆小番茄、橄欖

瑞可達起司：2 大匙／小番茄切片：1 顆份／黑橄欖切片：1 顆份／特級初榨橄欖油：1 小匙　●麵包抹上瑞可達起司，放上番茄、橄欖後拿去烤，最後淋上橄欖油。

Memo

以上介紹的食材除了起司之外，在日本都很容易取得。康提起司很類似葛瑞爾起司。

Sandwich au Saucisson ‖ 臘腸三明治

法式臘腸（saucisson）是用豬肉做的臘腸，屬於一種義式臘腸；但也有一派人認為義式臘腸是法式臘腸的一種。無論如何，兩者都可以直接切片來吃。法式臘腸製作時會添加各種香料，有時還會加葡萄酒，因此具有獨特的風味。迷你醃黃瓜（法語：cornichon）具有尖銳的酸味，非常適合搭配起司、肝醬、火腿、義式臘腸。

材料（1 人份）　【麵包】短棍或法棍（18cm）：1 個【餡料】奶油：1 大匙／迷你醃黃瓜：3 根／法式臘腸切片：4 ～ 6 片／生菜：1 片／榛果碎：1 大匙

Tacos à la Lyonnaise ‖ 里昂塔可餅

這是法國版的墨西哥捲餅，但似乎跟墨西哥料理沒什麼關係，只是用墨西哥薄餅（tortilla）代替了土耳其或黎巴嫩的麵餅，正宗的做法是用皮塔口袋餅或亞美尼亞薄餅（lavash）。從名稱也可以猜到，這款三明治發祥於里昂，是一種約 10 年前才亮相的新興三明治，通常會加咖哩醬做成異國風味，若用葛瑞爾起司醬則較偏向法式口味。

材料（2 人份）　【麵包】麵餅（亞美尼亞薄餅或皮塔口袋餅）：2 片【餡料】煎雞肉（醃過）：250g* ／水煮馬鈴薯（切小塊）：2 顆份／吉康菜（belgian endive）切片：1/4 顆份／番茄（切成一口大小）：1/2 顆份／洋蔥丁：1 大匙（依個人喜好）【醬料】葛瑞爾起司醬（p.295）：4 大匙

*（雞肉醃料）重鮮奶油：20ml ／印度咖哩醬：1 小匙

Pâté à Pain ‖ 肝醬麵包

一提到肝醬（pâté），很多人會想到鴨肝或鵝肝等肥肝（foie gras），但這裡用的是以豬肉為主的鄉村冷肉醬（pâté de campagne）。這種肝醬對一般家庭來說難度不高，用買的也不會太貴，所以製作這款三明治時不妨多放一些。

材料（1 人份）　【麵包】法棍（20cm）：1 個【餡料】奶油：2 大匙／鄉村冷肉醬（厚片）：4 片／櫻桃蘿蔔切片：4～6 片／迷你醃黃瓜剖半：2 條份／鹽和胡椒：適量【醬料】第戎芥末醬：2 大匙

Sandwiches de Poulet ‖ 烤雞三明治

這款三明治是用烤雞搭配塔塔醬，但並不是所有法國人都會這麼吃。另外再加點咖哩粉，做成微辛辣的口味也很好吃。

材料（1 人份）　【麵包】法棍：1/3 條【餡料】烤雞胸肉：50～80g／生菜：1 片／紫洋蔥圈：4～6 片／番茄片：3～4 片／小黃瓜片：3～5 片／水煮蛋切片：1 顆份【醬料】第戎芥末醬：1 大匙／塔塔醬：1 大匙

Sandwiches de Canard ‖ 鴨肉三明治

這是一款夾著油封鴨腿的奢侈三明治。鴨肉與雞肉不同，帶有一些野味，很適合搭配水果或帶甜味的布里歐許。山羊起司的柔和酸味則增添風味的亮點。

材料（6 人份）　【麵包】漢堡包或布里歐許：6 個【餡料】油封鴨腿：6 條＊／新鮮山羊起司：150g／蘋果薄片：適量／生菜：6 片／紫洋蔥圈：適量

＊鴨肉（腿）：6 條／鹽和胡椒：適量／鴨油：1kg／蒜頭：4 瓣／百里香：2 截　●鴨肉撒上鹽和胡椒，放入鍋中再加入其他材料，整鍋放進烤箱烤 1 小時。接著翻面再烤 1 小時，然後將鴨肉取出後單獨放回烤箱，烤出焦痕。

Schnitzel Cordon Bleu Burger

藍帶雞排堡

炸雞排裡藏著起司的驚喜三明治

藍帶（cordon bleu）一詞來自法文，原意是亨利三世時代最高級別騎士佩戴的寬緞帶，後來也用以授予水準很高的料理或廚師。據說藍帶雞排發源於 1940 年代左右的瑞士，作法是先將肉敲扁後包住起司，然後沾上麵包粉，再下鍋油炸。最原始的作法是用雞腿肉，不過也很多人會用肉質柔軟的小牛肉。起司的部分，除了瑞士的艾曼塔和葛瑞爾，也會使用高達起司。吃的時候通常會沾美乃滋或番茄醬，但我個人不太推薦沾番茄醬；只配檸檬和黃芥末也很好吃。

材料（4 人份） **Recipe**

【麵包】凱撒麵包：4 個【餡料】藍帶雞排：4 片＊／番茄片：8 片／生菜絲：8 片份【醬料】第戎芥末醬：4 大匙／番茄醬：4 大匙（非必要）／美乃滋：4 大匙（依個人喜好）／檸檬：1/4 顆

＊雞肉或小牛肉：4 片／火腿：8 片／艾曼塔或高達起司片：4 片／雞蛋：1 顆／牛奶：2 大匙／麵包粉：1 杯／鹽和胡椒：適量／沙拉油（炸油）：適量

Memo

這裡介紹的雞排不只有包起司，還包了火腿。配菜適合搭配馬鈴薯沙拉或用巴西里調味的馬鈴薯。

Rohschinken Birne Honig Senf Sandwich

芥末蜜梨生火腿三明治

加熱後也美味的西洋梨厚片三明治

雖然這款三明治名字長得像繞口令，但簡而言之，就是淋上蜂蜜芥末醬的火腿洋梨三明治，不過本頁食譜是用西洋梨做的醬汁取代蜂蜜芥末醬。西洋梨是瑞士很常見的水果，當地有一種代表性的糕餅叫作賓布洛特（birnbrot），裡面就塞了西洋梨和蘋果的果乾。火腿部分選用布多納火腿（bündner），一種類似義式生火腿的牛肉火腿。起司部分，原本是使用阿爾卑斯山區草飼牛的牛奶製成的帕斯查起司（pasture cheese），但這裡用類似的瑞爾起司取代。

材料（4 人份） Recipe

【麵包】深色黑麥麵包：8 片【餡料】西洋梨片（煮過）：8 片 *1 ／布多納火腿：8 片【醬料】起司醬：400 ～ 500g*2 ／西洋梨果醬：1 大匙

*1 西洋梨厚切片：2 顆份／水：200ml ／濃縮西洋梨果汁：2 大匙／檸檬汁：1 大匙

*2 葛瑞爾起司粉：250g ／雞蛋：2 顆／白葡萄酒：4 ～ 6 大匙／鹽、胡椒、肉豆蔻粉、紅椒粉：適量／蒜末：1 瓣份

Memo

雖然本頁食譜使用深色黑麥麵包，但可以的話建議用瑞士的辮子麵包（zopf）。

C
B
D
A

Montadito

蒙塔迪托

西班牙酒館必備的大眾開放式三明治

原本於西班牙酒館供應的小菜——塔帕斯（tapas），如今已經逐漸普及全球。在西班牙酒館，只要點一杯啤酒或葡萄酒，就會招待一份塔帕斯。日本一些居酒屋也有類似的習慣，不過日本通常只有一開始會免費提供，而在西班牙，無論點多少次飲料都會附贈一份塔帕斯，而且口味還不一樣；不過最近也有愈來愈多店家開始收費了。塔帕斯比較像是一種統稱，底下還可以細分成拼盤（plato）、小型串燒（pintxos）、小點心（tapa）等各種形式；蒙塔迪托（montadito）也是其中之一，是法棍切片上面放了起司、火腿、蔬菜等配料的開放式三明治。據說西班牙還有供應上百種蒙塔迪托的專賣店。

據稱蒙塔迪托最早可追溯至15世紀，名稱源自西班牙文中「攀登」、「放在……上面」等意思的「montar」。蒙塔迪托的大小和配料種類都很自由，麵包也不一定要用法棍，可以做成開胃小點心的尺寸，也可以做成午餐三明治的尺寸。蒙塔迪托和法國的塔緹一樣，可以發揮創意玩出無限花樣，做起來相當有趣。

Memo

正如本頁食譜所記，塔帕斯的配料確實用了許多西班牙食材，但當然也可以用其他國家的食材製作。怪不得西班牙有賣上百種塔帕斯的專賣店。

材料（各2人份） **Recipe**

【麵包】法棍切片：各2片

【餡料】

A. 櫛瓜&羅勒醬

煎櫛瓜片：4片／番茄片：2片／陳年山羊起司：20g【羅勒醬的材料（用缽磨成泥狀）】羅勒葉（汆燙過）：4～6片／沙拉油：1大匙／鹽：適量

B. 豬菲力&鯷魚

煎菲力豬排：2片／番茄片：2片／油漬鯷魚：2片／特級初榨橄欖油：4小匙

C. 火腿&起司

山羊起司：2片／索蘭諾火腿或伊比利火腿：1片／羅勒葉：2片／特級初榨橄欖油：1小匙

D. 朝鮮薊

醃朝鮮薊切片：1顆份／帕馬森起司粉：2大匙／香草鹽：適量【醬料】美乃滋：2大匙

Setas en Tostada

蕈菇烤麵包

將奶油炒菇放到麵包上就完成的簡單三明治

西班牙人似乎也很喜歡吃菇類，不只會到超市買，還有不少人喜歡親自外出摘採。西班牙的農業部還出版了一本小冊子叫《危險的野生菇類》，裡頭記載了 50 種毒菇，強調它們的危險性。西班牙人常吃的野菇至少超過 10 種，不過製作這款三明治時不一定要用野菇，任何種類的菇類都可以，只要用奶油炒過，再放到厚切的鄉村麵包片上即可享用。若只用常見的白色蘑菇稍嫌單調，而且也不是非得使用外國菇類，所以不妨試試混合舞茸、香菇、金針菇、鴻喜菇等自己喜愛的菇類。

材料（4 人份） **Recipe**

【麵包】鄉村麵包切片：4 片【餡料】奶油炒蘑菇：800 ～ 1000g*
* 新鮮蘑菇切片：800g ／橄欖油：1 大匙／洋蔥切片：1 顆份／蒜末：2 瓣份／無鹽奶油：80g ／鹽、胡椒、大蒜粉：適量

Memo

作法一點也不困難，而且光看材料也能想像出大概的模樣。還可以稍微加一點醬油，做成日式風味。這款三明治也很推薦素食者享用。

Bocata de Tortilla de Patatasy Tomate

番茄煎蛋三明治

材料（2～3人份）　【麵包】法棍：1個【餡料】煎蛋：1份*／特級初榨橄欖油：2大匙／番茄片：1顆份
*橄欖油：1大匙／雞蛋：2顆／馬鈴薯泥：1顆份／炒到焦糖化的洋蔥：1顆份／蒜末：1瓣份／鹽、胡椒：適量　●將所有材料混合後煎熟

在同屬西班牙語系的墨西哥，tortilla指的是用來製作塔可餅或墨西哥捲餅（burrito）的餅皮，但在西班牙則是烘蛋的意思，作法是先將洋蔥慢慢炒到焦糖化但不要燒焦，接著加入水煮馬鈴薯和雞蛋，做成有一點厚度的煎蛋。這三樣是最基本的食材，有些人還會再加番茄和火腿。煎蛋煎好後，夾進內側抹了番茄的法棍，就能做成西班牙風的煎蛋三明治。

Sándwich de Chocolate, Crema de Cacahuete y Plátano

巧克力三明治、花生醬三明治

材料（2人份）　【麵包】法棍切片：4片【餡料】諾西亞或能多益：4大匙／花生醬：4大匙／香蕉片：1根份

甜味抹醬、花生醬、香蕉做成的三明治，乍聽之下很美式風格，不過這是西班牙的三明治。論榛果可可醬，雖然是義大利的能多益比較有名，不過西班牙也有一種類似的產品叫做諾西亞（Nocilla）。兩者的原料一樣，但在西班牙，諾西亞的銷量遠勝能多益。所以這款三明治，使用諾西亞才稱得上正宗的作法。

Bocadillo de Calamares

魷魚圈三明治

夾著炸魷魚圈的三明治

義大利有帕尼尼，西班牙則有波卡迪約（bocadillo）。波卡迪約是西班牙最具代表性的三明治，咖啡館和餐酒館都吃得到，當地人不僅會拿來配咖啡，也經常拿來配啤酒或葡萄酒。波卡迪約通常會用西班牙鄉村麵包（pan rustico）製作；這種麵包類似法棍，兩者外觀近乎相同，所以我認為用法棍代替也無妨。這裡介紹的是炸魷魚圈口味。

材料（2～3 人份） Recipe

【麵包】法棍：1 個【餡料】炸魷魚圈：500g*／特級初榨橄欖油：2 大匙

* 魷魚圈：500g／鹽和胡椒：適量／檸檬汁：1 顆份／雞蛋：1 顆／牛奶：50ml／麵粉：100g／沙拉油（炸油）：適量

●魷魚圈先用檸檬汁、鹽和胡椒調味，然後沾上加了牛奶的蛋液，再裹上麵粉，下鍋油炸。

Bocadillo de Jamón

火腿三明治

夾著西班牙知名火腿的三明治

這款三明治類似法國的火腿奶油三明治，但還是有西班牙專屬的特色：拿一顆美味得教人難以置信的西班牙成熟番茄，直接摩擦半片麵包的內側，讓番茄風味精華浸潤麵包，淋上橄欖油，接著再夾起堪稱超越義式生火腿的索蘭諾火腿，或超高級的伊比利火腿，就能做出水準一流的三明治。

材料（1 人份） **Recipe**

法棍（約 20cm）：1 個／番茄：1 顆（摩擦麵包內側）／特級初榨橄欖油：2 大匙／乾奧勒岡：1 小撮／索蘭諾火腿或伊比利火腿：2、3 片

Coca de San Juan de Chocolate y Naranja

聖約翰橙香巧克力三明治

材料（10～12 人份）　【麵包】聖約翰蛋糕（p.288）：1 個【餡料】甘納許：800～900g*
* 重鮮奶油（或鮮奶油）：500g／黑巧克力：350g／無鹽奶油：2 大匙／橙酒或橙花水：30ml／深色蘭姆酒或白蘭地：2 大匙

6 月 23 日是西班牙著名的盛大節日，聖約翰之夜（Fiesta de San Juan）。這一夜，巴塞隆納周圍的加泰隆尼亞地區，家家戶戶餐桌上便會出現聖約翰蛋糕（coca de San Juan）。這種糕點是以發酵麵團製作，通常會用糖漬水果點綴繽紛色彩，或添加卡士達醬，而本頁食譜是做成中間抹上甘納許的夾心三明治。

Coca de Sardinas con Salmorreta

茄香沙丁魚三明治

材料（4 人份）　【麵包】寇卡：4 個 *【餡料】煎沙丁魚：16 條／苦菊、蘿蔓萵苣：各 8 片／黑橄欖切片：12 顆份／特級初榨橄欖油：8 大匙【醬料】薩莫瑞達醬（p.296）：1/2 杯　●麵包塗上醬料，然後放上食材
* 高筋麵粉：220g／乾酵母：2 小匙／麥麩：30g／水：100ml／橄欖油：75ml／鹽：1 小匙／砂糖：1 小匙／白芝麻：30g

寇卡（coca）在加泰隆尼亞語中的意思是糕點、蛋糕，泛指各式各樣的甜點和一般麵包，而這裡介紹的是一種麵餅，並且做成開放式三明治。以這款三明治來說，「薩莫瑞達醬」比底下的麵包更重要，這種醬的主要成分是諾拉甜椒乾（ñora）。磨成粉之前長得很像甜椒，而這也是西班牙海鮮燴飯等菜餚中不可或缺的材料。

Sandes de Panado ‖ 炸肉排三明治

材料（2人份）　【麵包】葡式小圓麵包（papo seco）或小圓法國麵包：2個【餡料】炸魚排：2片＊／蘿蔓萵苣：2片【醬料】塔塔醬：4大匙
＊無鬚鱈（鱈形目的魚）的厚切片：2片／鹽和胡椒：適量／檸檬汁：4大匙／麵粉：1/4杯／雞蛋：1顆／麵包粉：1/2杯／沙拉油（炸油）：適量

這款三明治裡面夾的是裹麵包粉的炸肉排。通常是使用陸上動物的肉，不過葡萄牙人和西班牙人、義大利人一樣很常吃魚，所以我這裡選用歐洲人吃最多的一種魚：無鬚鱈（merluza）。這次我是向葡萄牙人經營的水產店購買了整塊新鮮又厚實的分切片。無鬚鱈是一種類似真鱈（ture cod）的白肉魚，但新鮮的無鬚鱈比真鱈美味許多。

Sandes de Presunto e Queijo da Serra

‖ 起司火腿三明治

材料（2人份）　【麵包】大顆脆皮麵包（如鄉村麵包）切片：2片【餡料】義式生火腿：2片／番茄片：1顆份／橄欖油：2大匙／巴薩米克醋：2大匙／鹽、胡椒、乾奧勒岡：適量／埃什特雷拉起司：4大匙　●依序將食材疊到麵包上，用烤箱烤

埃什特雷拉起司（queijo da Serra ／ queijo Serra da Estrela）被譽為葡萄牙起司之王，僅有埃什特雷拉山脈（Serra da Estrela）地區生產的山羊起司可以冠上此名。其質地極軟，甚至能直接塗在麵包上，也可以當作沾醬，拿一塊餅乾直接從整塊起司上挖取一部分來吃。埃什特雷拉起司的特色是香氣濃郁，味道甘甜，用來製作這款三明治時務必奢侈一點，多用一些。

Francesinha ‖ 濕答答三明治

三明治上淋了滿滿用啤酒製作的醬汁

過去有一位從法國移民至西班牙的廚師，名叫丹尼爾．達席瓦（Daniel da Silva），他設法做出葡萄牙風的庫克先生三明治。而他絞盡腦汁後的成果，就是這款原意為小法國（francesinha）的三明治。如今，濕答答三明治已成葡萄牙名菜。而這款三明治味道好壞的關鍵，是以啤酒為基底製作的小法國醬（francesinha sauce）。每家店用的材料基本上相同，但也各自精心鑽研，做出每間店獨特的醬料，而這些醬料的材料和作法也幾乎不會外傳。不過市面上就能買到現成品，所以一般家庭也能輕易品嚐到這款三明治。

Memo

哈里薩辣醬或霹靂霹靂辣醬是葡萄牙和北非常見的辣醬。霹靂霹靂聽起來很像日文，但與日本完全無關。

材料（1 人份） **Recipe**

【麵包】吐司：2 片／火腿：1 片【餡料】薄牛排：1 片／葡萄牙煙燻香腸（linguiça）切片：4 ～ 6 片／艾曼塔或波芙隆起司：2 片【醬料】小法國醬：滿滿的 *

* 橄欖油：1 大匙／洋蔥末：1/2 顆份／小牛肉或牛肉：50g ／月桂葉：1 片／波特酒：1 大匙／番茄：15g ／拉格啤酒：250ml ／鹽和胡椒：適量／哈里薩辣醬或霹靂霹靂辣醬（peri peri sauce）：1 小匙／玉米澱粉或太白粉：2 大匙　●蔬菜、肉和月桂葉一起下鍋炒，然後加入玉米澱粉以外的材料燉煮 1 小時。接著打成糊，再視情況添加玉米澱粉調整稠度。

Sandes de Carne Assada ‖ 烤牛肉三明治

Carne assada 就是烤牛肉的意思。顧名思義，這是一款用麵包夾起厚切或大塊烤牛肉的三明治。醬料部分可以用烤肉醬，不過在里斯本等地，人們更喜歡直接讓烤牛肉的肉汁滲透麵包後再享用。比起烤肉醬那種詭異的甜味，這種吃法更為合理且美味。麵包只能用葡式小圓麵包（又名 portuguese roll）。

材料（2 人份）　【麵包】葡式小圓麵包：2 個【餡料】烤牛肉：250g ／番茄片：4 片／蘿蔓萵苣：1 片／炒洋蔥切片：2 大匙【醬料】烤肉醬：2 大匙（依個人喜好）

Bifana ‖ 豬肉三明治

這款三明治誕生於葡萄牙西南部的阿連特茹（Alentejo）地區，當地每年都會舉辦以它為主題的嘉年華，作法是在麵包之間夾上好幾片厚厚的豬菲力，十分豪邁。當地人會用一種叫作「pão biju」的脆皮麵包來製作，也很常用葡式小圓麵包。而醬料部分則和其他葡萄牙三明治一樣，絕對少不了霹靂霹靂辣醬。

材料（1人份） 【麵包】葡式小圓麵包：1個【餡料】煎豬菲力（厚度約3mm，醃過後用橄欖油煎）：100g*／炒紫洋蔥切片：1/2顆份【醬料】黃芥末醬：1大匙

*（醃料）蒜末：1瓣／鹽：適量／紅辣椒粗片：1/2小匙／霹靂霹靂辣醬：1大匙／月桂葉：1片／白酒醋：2大匙／白葡萄酒：1/2杯

Sandes de Couratos ‖ 豬皮三明治

豬皮在葡萄牙和南美洲都很常見，市面上也有販賣炸得酥酥脆脆的豬皮，和洋芋片一樣可以當零食吃。這款三明治的配料作法，是將豬皮與大蒜、月桂葉、鹽、胡椒一起用橄欖油炒過，然後再加白葡萄酒燉軟；通常會用壓力鍋縮短燉煮時間。燉好的豬皮可以稍微烤過再夾進三明治，吃起來有點像日本的烤雞皮，QQ軟軟、甘甘甜甜。

材料（4～6人份） 【麵包】葡式小圓麵包或小圓法國麵包：4～6個【餡料】醃過後燉軟的豬皮：500g*【醬料】黃芥末醬：4～6大匙

*豬皮：500g／蒜頭：1瓣／橄欖油：2大匙／鹽和胡椒：適量／白葡萄酒：2大匙／月桂葉：1片／水：適量

The World's Sandwiches

Chapter 2

北歐

芬蘭／瑞典／挪威／丹麥

材料（1人份）

Recipe

蕈菇開放式三明治

【麵包】黑麥麵包：1片【餡料】奶油：1大匙／奶油煎蘑菇：200g／艾登起司（edam cheese）絲：1大匙／巴西里葉：數片【醬料】美乃滋：1大匙／檸檬汁：1大匙

●麵包抹上奶油，放上巴西里以外的餡料，然後用烤箱烤。出爐後再撒上巴西里

Voileipä

三明治

用了一大堆魚的
芬蘭開放式三明治

Voileipä 就是芬蘭語的三明治。Voi 是奶油的意思，leipä 是麵包的意思，即塗了奶油的麵包，和德國一樣。無論是開放式還是一般的三明治，都可以用這個詞表示，但芬蘭以開放式三明治較為常見。芬蘭的三明治千奇百怪，最經典的樣式大致上如本頁照片所示。麵包部分通常會使用黑麥麵包，質地相當紮實而厚重，其中較具代表性的麵包叫做 Ruisleipä。配料部分則大多為鯡魚、煙燻鮭魚等魚類。

材料（1 人份） **Recipe**

鯡魚雞蛋開放式三明治

【麵包】裸麥粗麵包：1 片【餡料】奶油：2 大匙／鯡魚拌水煮蛋：1/2 杯 *／小番茄切片：4 片／新鮮蒔蘿（剁碎）：2 大匙　●麵包抹上奶油，放上鯡魚拌水煮蛋，用烤箱烤。出爐後放上其他餡料

* 鯡魚（剁碎後醃黃芥末醬）：3 片份／醃鯡魚用的醃料：1 大匙／水煮蛋（切碎）：1 顆份／炒韭蔥碎 ／起司粉：2 大匙

Memo

這兩款都是熱的三明治，但並不是所有芬蘭三明治都會做成熱的。菇類是芬蘭人的重要食物，他們經常出門採菇。

Porilainen

波里三明治

波里學生超愛的芬蘭代表性街頭小吃

俗稱星期六香腸的「lauantaimakkara」歷史並不悠久，1920 年代後半才問世，原料和外觀非常接近波隆那香腸，尤其口感、顏色一模一樣，味道也很類似，不過星期六香腸更柔和一些。這款三明治名稱中的「Porin」，是指芬蘭西海岸波里（Porin）的居民，而它深受當地學生歡迎，如今已是代表性的街頭小吃。夾在麵包裡的香腸切片很厚，通常有 1 公分的厚度。如果看其他材料，感覺也很像是將肉餅換成香腸的漢堡。麵包部分通常使用吐司，不過這裡改用比較別緻的鷹嘴豆圓麵包。

材料（1 人份） **Recipe**

【麵包】圓形黑麥麵包或鷹嘴豆圓麵包：1 個【餡料】沙拉油煎厚切星期六香腸（可用波隆那香腸代替）：1 片／紫洋蔥圈：4 ～ 6 片／小黃瓜片：4 ～ 5 片／蝦夷蔥末：1 大匙【醬料】黃芥末醬：1 大匙／番茄醬：1 大匙

Memo

日本恐怕很難買到星期六香腸，可以用比較類似的波隆那香腸代替。購買時可以請店家將香腸切厚一點，這樣外觀會更道地。

Silakkaleipä ‖ 醋醃鯡魚三明治

我第一次吃到醋醃鯡魚時，便想起了一種叫小肌（窩斑鰶）的壽司料。鯡魚的酸味比較刺激，但我也曾經沾芥末醬油來配飯。我查了一下，窩斑鰶的英文是gizzard shad，和鯡魚是同類。如果當成用窩斑鰶做的三明治，或許各位讀者就能想像出個所以然了。另外，這款三明治的鯡魚會用烤箱稍微烤過。

材料（1人份）　【麵包】黑麥麵包：1片【餡料】醋醃鯡魚（用烤箱烤過）：2片／水煮蛋切片：1顆份／番茄片：1～2片／甜椒切片：4片【醬料】酸奶油：25ml／檸檬汁：1小匙／蒜末：1小瓣份／鹽和胡椒：適量　●將所有材料混合

Kalaisat Kolmioleivät ‖ 煙燻鯡魚三明治

上面那款三明治用的是醋醃鯡魚，這一款則是用煙燻鯡魚。不只是芬蘭，歐洲各地的鯡魚都分成醋醃或煙燻兩種作法，味道都很棒。不過煙燻鯡魚的主要目的在於保存，所以有時候味道會非常鹹，拿來做三明治之前，建議先嚐一口再決定怎麼調味，視情況也可能需要先去除多餘的鹽分。也有人會用煙燻鮭魚代替，做成比較奢侈的版本。

材料（1人份）　【麵包】吐司：2片【餡料】魚肉沙拉：100g*／生菜：1片

*煙燻鯡魚或鮭魚（切丁）：30～40g／紅椒丁：1大匙／酸奶油：60ml／檸檬胡椒：1/2小匙／辣根醬：1小匙

A
B

Smörgås ‖ 三明治

這款開放式三明治最重要的材料是一項瑞典名產

三明治是一個國家飲食文化的縮影，不只瑞典如此，每個國家都一定有用該國常見食材製作的三明治，像這兩款開放式三明治就用了瑞典人熟悉的材料。鯖魚的瑞典文為「mackerel」。釣鯖魚在瑞典是相當熱門的休閒活動之一，而煙燻鯖魚和鯡魚一樣經常出現在餐桌上。西洋梨和蘋果同為瑞典人最常吃的水果，而西洋梨除了直接吃，也會做成果汁、甜點或蛋糕。

材料（各 1 人份） **Recipe**

A. 鯖魚＆雞蛋沙拉

【麵包】黑麥麵包：1 片【餡料】奶油：1 大匙／雞蛋沙拉：1/3 ～ 1/2 杯 *／生菜：1 片／紫洋蔥圈：4 ～ 6 片／小番茄切片：2 顆份／煙燻鯖魚（胡椒風味）：1 片／蒔蘿：適量

* 水煮蛋：1 顆／平葉巴西里（剁碎）：1/4 杯／鹽和胡椒：適量／優格：1 大匙

B. 煙燻火腿＆西洋梨沙拉

【麵包】黑麥麵包：1 片【餡料】奶油：1 大匙／沙拉：100 ～ 120 g*／蝦夷蔥末：1 大匙／煙燻火腿：1 片／西洋梨：1/4 顆／蒔蘿：適量

* 西洋梨（切丁）：1/4 顆／茴香頭（切丁）：1/8 顆／茅屋起司：60g／第戎芥末醬：1 小匙／鹽和胡椒：適量

Mjukkaka med Äpple Och Morot

‖ 蘋果＆紅蘿蔔三明治

材料（1 人份） 【麵包】繆卡卡（p.289）：1 個【餡料】火腿：3 片／瑞可達起司：1 大匙／紅蘿蔔絲：1/4 根份／蘋果片：1/4 顆份／西洋菜：適量／松子：1 大匙／特級初榨橄欖油：1 大匙／鹽和胡椒：適量

繆卡卡（mjukkaka）是瑞典人很愛吃的一種麵餅。這裡介紹的三明治用了許多蔬菜，口味清爽，非常適合當早餐吃。繆卡卡的厚度是霍奴卡卡（hönökaka）的兩倍以上，質地柔軟，用途也比霍奴卡卡多，還經常用來製作三明治蛋糕（見次頁）。繆卡卡的麵團有一半是裸麥麵粉，而且會加糖漿，所以味道是甜的，像蛋糕一樣切一塊下來直接吃也不錯；配果醬或奶油也很好吃。

Smörgåstårta ‖ 三明治蛋糕

講求藝術美感，適合在派對上端出來的豪華三明治

或許有人聽到有蛋糕上放了煙燻鮭魚和蝦子會覺得是在開玩笑，但別擔心，這款蛋糕不是甜的，外面那層白色的東西也不是打發鮮奶油或是甜的鮮奶油，而是不甜的法式酸奶油。這款三明治蛋糕是用好幾片切邊吐司和餡料堆疊而成，形狀不拘，可以是方形也可以是圓形，可謂全憑創意取勝的奇特三明治。

材料（8～12 人份） Recipe

【麵包】吐司：12 片【上層內餡（全部混合）】罐頭鮪魚或鮭魚：350g／酸奶油：1 杯／奶油乳酪：1 杯／紫洋蔥末：1 顆份／西洋芹末：1/2 杯／美乃滋：1/2 杯【下層內餡（全部混合）】水煮蝦（剁碎）：400g／水煮蛋（剁碎）：3 顆份／美乃滋：1 杯／法式酸奶油：1 杯／蒔蘿（剁碎）：3 大匙／檸檬汁：2 大匙【蛋糕外層】法式酸奶油：1 杯【上方配料】小黃瓜片：1 根份／小番茄切片：6～8 顆份／櫻桃蘿蔔切片：4～6 顆份／檸檬片：4 片／水煮蝦仁（小）：6 隻／水煮蛋切片：3 顆份／煙燻鮭魚：4 片／蒔蘿：適量

Memo

這款三明治的基本材料有鮮奶油類、起司、煙燻鮭魚、蝦子、鯡魚、水煮蛋、小黃瓜等等。本頁食譜是用吐司製作，但特地烤一個大一點的麵包再切片使用也很有趣。法式酸奶油類似一般酸奶油，不過幾乎沒有酸味。

Varm Smörgåstårta med Hönökaka

熱三明治蛋糕

源自瑞典南方小島的麵餅

霍奴卡卡源自瑞典南邊哥特堡（Göteborg）附近的小島霍奴（Hönö），瑞典人常吃這種類型的麵餅。霍奴卡卡的作法比較少見，會同時使用泡打粉和酵母，但傳統上不是用泡打粉，而是使用鹿角磨成的粉末。霍奴卡卡原本是漁家和農家自己做來吃的麵包，如今已深受全瑞典人的歡迎，還有專門生產的廠商。超市賣的霍奴卡卡通常是半圓型，且比一般家庭做的還要軟。這種麵包非常適合用來製作開放式三明治，但這裡我是將幾片麵包疊在一起，做成一般的三明治。

材料（2～3 人份） **Recipe**

【麵包】切半的霍奴卡卡（p.289）：3 片【內餡】培根丁：140g／韭蔥（剁碎）：1/4 枝份／紅椒丁：1/2 顆份／煙燻火腿（切丁）：60g／酸奶油：1 杯／起司粉：1 杯　●先炒蔬菜和培根，再與起司粉以外的內餡材料混合。依序堆疊麵包、內餡、起司粉、麵包、內餡、起司粉、麵包，然後進烤箱。

Memo

霍奴卡卡不像皮塔口袋餅或墨西哥薄餅那麼薄，所以捲不起來。它帶有一點甜味，很多小孩子喜歡塗果醬或奶油乳酪吃。

Smørbrød

開放式三明治

除了馴鹿肉，還有一些非傳統食材

通常每個國家的開放式三明治都有自己的稱呼，不過基本上都是用黑麥麵包製作，而且口感大多較為紮實，不過挪威比較常用全麥的灰麵包（graubrot）。在挪威，馴鹿和駝鹿等野生動物是重要的蛋白質來源，餐桌上經常會出現獵捕到的野生動物，不過馴鹿在挪威已經算半馴化了。右頁照片就是用馴鹿肉製作的開放式三明治，而上方則是經典的蝦子配上新潮的酪梨。

材料（1人份） **Recipe**

美乃滋雞蛋酪梨開放式三明治

【麵包】灰麵包（p.285）：1片【餡料】奶油：1大匙／水煮蝦子：6～8隻／酪梨切片：4片／生菜或芝麻葉：1/2杯／檸檬汁：1小匙／新鮮蒔蘿（裝飾用）

【醬料】美乃滋：1大匙

Memo

由於我找不到馴鹿肉，因此右頁的三明治改用肉質與味道相近的鹿肉（venison）。

材料（1人份） **Recipe**

馴鹿肉三明治

【麵包】灰麵包：1片【餡料】奶油：1大匙／煎馴鹿肉：60g*／香草奶油乳酪：1大匙／芝麻菜：1/4杯／紫洋蔥圈：1片／水煮馬鈴薯切片：1片／迷你醃黃瓜：1根

*馴鹿肉：60g／沙拉油：少許／乾燥迷迭香：1/2小匙／鹽和胡椒：適量

Lefse

挪威薄餅

馬鈴薯是挪威的飲食文化中非常重要的食物之一

馬鈴薯大約 250 年前傳入挪威，此後便成了挪威飲食文化的核心，用來製作各種料理。19 世紀中葉，挪威也像愛爾蘭一樣因馬鈴薯嚴重歉收而造成大饑荒，許多人為了尋找新的家園離開祖國。挪威薄餅如同許多挪威料理，是用馬鈴薯製作，據說最早是用前一天吃剩的水煮馬鈴薯製成；其材料相當單純，沒有使用泡打粉或酵母，但因為是使用馬鈴薯，所以質地非常柔軟。挪威薄餅比起當麵包吃，更適合當作鬆餅或可麗餅使用，裡面包蔬菜也不錯。

材料（3～4 人份） **Recipe**

【麵皮】挪威薄餅：3～4 片 *【餡料】法式酸奶油：2 大匙／喜歡的果醬：2 大匙

* 水煮馬鈴薯（壓成泥）：1 杯／融化的奶油：1 大匙／鹽：1 小撮／糖：1 小匙／雞蛋：1 顆／麵粉：1/4 杯

●將麵粉以外的材料加入盆中混合均勻，然後將麵粉過篩後加入，再次攪拌均勻。將麵團分成雞蛋大小， 成薄薄的圓形後用平底鍋乾煎

Memo

馬鈴薯只用叉子壓碎並不充分，要仔細壓成泥（ricing）才能做出口感滑嫩的挪威薄餅。市面上也有馬鈴薯壓泥器。

Flæskestegs Sandwich

脆皮烤豬三明治

哥本哈根隨處可見的三明治

據說丹麥是全球最大的豬肉消費國，經常食用香腸、冷切肉（rullepølse，丹麥一種類似火腿的食品）、培根、肝醬等豬肉製品。不僅如此，丹麥也是全球唯一一個豬隻數量比人口多的國家。這麼愛吃豬肉的丹麥人，夏天在戶外舉辦烤肉派對時最愛的東西莫過於烤豬。丹麥人習慣連皮一起烤，那酥酥脆脆的豬皮是丹麥人絕對不會錯過的美食。將烤豬撕碎，跟紫高麗菜一起夾進麵包，就能做出這款紅遍哥本哈根的三明治。

材料（4～6 人份） **Recipe**

【麵包】小圓法國麵包或漢堡包：4～6個【餡料】烤豬肉：700g*1／燉紫高麗菜（Rødkål）：1/5～2 杯 *2／蘋果片：1 顆份／醃黃瓜切片：20 片【醬料】希臘優格：5 大匙／美乃滋：5 大匙／芥末籽醬：5 大匙／白酒醋：3 大匙／蜂蜜：1 大匙／鹽和胡椒：適量

*1 帶皮豬肩胛肉：700g／鹽：1 大匙／胡椒粒：1/2 小匙／月桂葉：5 片

*2（2～3 杯份）紫高麗菜絲：1 顆份／洋蔥切片：1 顆份／奶油：3 大匙／砂糖：3 大匙／白酒醋：3 大匙／萊姆：少許／月桂葉：1 片／水：1/4 杯／蘋果片：2 顆份／鹽和胡椒：適量

Smørrebrød

開放式三明治（丹麥式）

連配料擺放方式都要講究，最極致的開放式三明治

歐洲各地都有開放式三明治，但丹麥的開放式三明治完全是另一個世界的東西。三明治通常難登大雅之堂，但在丹麥卻不一樣，吃這款三明治時一定要用刀叉，上面的配料也必須按特定順序品嘗。麵包部分使用切成薄片的丹麥黑麥麵包（rugbrød），這種麵包一定是用酸種麵團製作，而且會加入葵花籽、南瓜籽和黑麥粒。丹麥人從小就要學習吃這款三明治的禮節。這就是震撼全球的丹麥開放式三明治。

材料（1人份） **Recipe**

流星（stjerneskud）

【麵包】丹麥黑麥麵包（p.284）切片：1片【餡料】奶油：1大匙／炸魚排：1片＊／醋醃鯡魚：1片／煙燻鮭魚：1片／水煮蝦子（小）：4～5隻／魚子醬等魚卵：1小匙／小番茄切片：2顆份／生菜：1片／水煮綠蘆筍：3、4根／蒔蘿：適量／檸檬：1/8顆【醬料】雷莫拉醬（p.297）：2大匙

＊黑線鱈（類似鱈魚的白肉魚）：1片／麵粉：適量／蛋：1/2顆／麵包粉：適量／沙拉油（炸油）：適量

材料（1 人份） **Recipe**

丹麥肝醬

【麵包】丹麥黑麥麵包（p.284）切片：1片【餡料】奶油：1 大匙／義式生培根（切丁）：50g ／哈瓦蒂起司片： 4 片／煎蘑菇切片：1 顆份／迷你醃黃瓜切片：2 ～ 4 片／肉桂棒：1 根／丹麥肝醬（leverpostej）：50g ／紫高麗菜絲：1/4 杯／蝦夷蔥段：適量　●義式生培根與肉桂一起煎過

Lamb Cheese Burger

羊肉起司堡

普通漢堡吃不到的繁複風味

雖然羊肉在丹麥的消費量比起豬肉簡直微不足道，但丹麥還是有許多羊肉料理，例如烤羊肉、燉羊肉、炸羊排，還有這裡介紹的羊肉漢堡。這款漢堡包含羊肉在內，使用的材料都很與眾不同。丹麥常見的蕪菁和日本的蕪菁是親戚，英國和北歐都很常吃蕪菁。西芹頭（celery root）則是芹菜的球根，但這不是我們平常吃的西洋芹，而是另外一個品種的芹菜。這兩種蔬菜都可以生吃，但這裡我會煎熟。羽衣甘藍是一種美味的蔬菜，在美國也非常多人愛吃。

材料（1 人份） **Recipe**

【麵包】小圓布里歐許或全麥漢堡包：1個【餡料】奶油：1 大匙／羊肉漢堡排：1 個（180g）*／煎蕪菁切片：1 片／煎西芹頭切片：1 片／炒羽衣甘藍（切塊）：1 片／山羊起司（例如法國的山羊起司）：20g

【醬料】黃芥末醬：1 大匙／蔓越莓或紅醋栗（紅加侖）果醬：1 大匙

* 羊絞肉：180g／奧勒岡、百里香、鹽、胡椒：少許

Memo

風味獨特的羊肉、煎過後仍不失清新滋味的蔬菜、果醬、醇厚的羊奶起司，多種滋味交織，饒富趣味。

The World's Sandwiches

Chapter 3

東歐

匈牙利／波蘭／捷克／愛沙尼亞／克羅埃西亞
塞爾維亞／俄羅斯／希臘／亞美尼亞

Hortobágyi Palacsinta

霍托巴吉煎餅

淋上乳香四溢的醬汁
意外簡單的料理

Palacsinta 就是煎餅的意思，這一點從照片來看也無庸置疑。霍托巴吉（Hortobágyi）是匈牙利的第一座國家公園，也是歐洲規模最大的國家公園，1900 年登錄世界遺產。不過解釋霍托巴吉的意思也沒什麼意義，因為這道料理和國家公園似乎沒有任何因果關係。這款三明治是在 1958 年比利時布魯塞爾舉辦的世界博覽會上首次亮相，但可以確定在那之前就有類似的料理。作法是用薄薄的煎餅將炒過的肉、蔬菜、蘑菇小心包起來，淋上以酸奶油為基底的醬汁，光是外觀就令人食指大動。

材料（4 人份） Recipe

【煎餅】匈牙利煎餅（palacsinta）：4 片 *【內餡】沙拉油：2 大匙／洋蔥末：1 顆／小牛肉（切成一口大小）：400g ／紅椒粉：1 大匙／麵粉：2 大匙／雞肉清湯：280ml ／不甜雪莉酒或白葡萄酒：4 大匙／酸奶油：60ml
●先炒洋蔥、再加入肉、紅椒粉、雞肉清湯（240ml）和雪莉酒，煮 20 分鐘。將肉取出切碎。在剩餘的湯裡加入酸奶油和用 40ml 雞肉清湯拌開的麵粉，煮沸。用煎餅包住肉，再澆上醬汁即完成

* 雞蛋：3 顆／麵粉：1 又 1/4 杯／鹽：1 小撮／氣泡水：1 杯／奶油：適量　●將雞蛋、麵粉和鹽混合均勻，靜置 1 ～ 2 小時，下鍋前一刻再加入氣泡水。平底鍋熱好後，以煎蛋皮的訣竅將麵糊煎成薄餅

Szilveszteri ‖ 新年夜三明治

Szilveszteri 的意思是新年夜。匈牙利的新年夜有很多事情要忙，媽媽們都會準備新年要吃的烤豬和米豆（黑眼豆）等料理。這些新年吃的東西在匈牙利稱作「幸運食物」，非常重要。而媽媽們在忙碌之餘替孩子準備的食物，就是這款三明治。材料中的匈牙利辣香腸（lángolt kolbász）是一種味道稍辣的香腸。

材料（1 人份）　【麵包】吐司或脆皮麵包：2 片【餡料】奶油：2 大匙／匈牙利辣香腸（切小塊）：30 ～ 50g／水煮蛋（切小塊）：1、2 顆份／迷你醃黃瓜（切小塊）：2 根份／起司粉：20g／辣椒醬：2 大匙

Túróval Töltött Zsemle ‖ 茅屋起司焗烤三明治

歐洲人習慣當天就將買好或烤好的麵包吃掉，隔天早上再到自己喜歡的麵包店買新的麵包。雖然也有當天吃不完的時候，不過歐洲人還是認為麵包放了一天就不新鮮了，而這款三明治就是利用吃剩的麵包製作。將小圓法國麵包之類的麵包中心挖空，填入甜美的茅屋起司，然後送進烤箱，就能做出這道孩子愛吃的美味甜點。

材料（3 人份）　【麵包】匈牙利圓麵包（zsemle）或其他圓麵包：3 個【內餡】牛奶：150ml／砂糖：50g／茅屋起司：250g／香草精：1 大匙／雞蛋：2 顆／酸奶油：4 大匙／葡萄乾：2 大匙【上方配料】奶油：2 大匙／糖粉：1 小匙　●將麵包上半部切掉，中心挖空。取 10g 砂糖加入牛奶，加熱至沸騰；剩下 40g 的砂糖與其他內餡材料混合。麵包內側先用加糖牛奶浸濕，再填入起司餡，接著蓋回切掉的麵包上半部，放上奶油，用 180 度的烤箱 20 分鐘。最後再撒上糖粉

Reform Szendvics Borsos Szalámival

臘腸堡

匈牙利臘腸可是美味臘腸的代表，這款三明治就是用匈牙利圓麵包夾臘腸。匈牙利的臘腸種類很豐富，可以試試看各種口味。

材料（1 人份）　【麵包】匈牙利圓麵包或其他圓麵包：1 個【餡料】奶油：1 大匙／生菜：1 片／ Borsoskérg 之類的匈牙利臘腸：8 ～ 10 片／紅椒切片：10 片／小黃瓜片：2 ～ 4 片

Langos ‖ 蘭戈斯

蘭戈斯原本是匈牙利的特色麵餅，現在不僅在東歐很常見，在奧地利也很受歡迎。這種麵包是用發酵麵團油炸而成，非常適合當作零嘴或簡單的午餐。

材料（4 人份）　【麵包】蘭戈斯：4 片*【餡料】大蒜（直接拿來摩擦蘭戈斯）：2 瓣／酸奶油：4 大匙／艾曼塔起司粉或葛瑞爾起司粉：4 大匙／鹽和胡椒：適量

* 馬鈴薯泥：1 顆份／乾酵母：2 小匙／砂糖：1 小匙／麵粉：1 又 3/4 杯／沙拉油：1 大匙／鹽：1 小匙／牛奶：1/2 杯／沙拉油（炸油）：適量

Nyers Gombás Szendvics

生蘑菇三明治

美國人也會生吃蘑菇，加在生菜沙拉裡味道還挺不賴的；近年來也很常看到日本這麼做。這是一款以生蘑菇為主角，做成開胃小點風格的開放式三明治。

材料（4 人份）　【麵包】開胃小點用的黑麥麵包：4 片【餡料】綜合鮪魚餡：380g* ／生菜：4 片／生蘑菇切片：3 顆份／小番茄切片：2 顆份／鹽和胡椒：適量／蝦夷蔥末：適量

* 罐頭鮪魚：125g ／奶油乳酪：250g ／綜合香草（蒔蘿、羅勒、蝦夷蔥等）：少許／檸檬汁：1 大匙

Kanapka z Kaszanką ‖ 血腸三明治

營養滿滿！用血腸做的開放式三明治

血腸是東歐和中歐國家的常見食品，每個國家對血腸也都有自己的稱呼，而波蘭的血腸即稱作kaszanką；英國和愛爾蘭的黑布丁基本上也是同樣的東西。血腸之所以稱作血腸，是因為材料含有豬血，不過波蘭血腸的材料除了豬血，還有豬內臟、蕎麥粉。波蘭人也會直接生吃血腸，但通常還是會像其他香腸一樣烤過或跟洋蔥等其他配料一起炒，我這個食譜也是將血腸的腸衣剝掉跟洋蔥一起炒過。血腸的味道很強烈，不喜歡的人會敬而遠之，但喜歡的人絕對欲罷不能。

材料（1人份） **Recipe**

【麵包】黑麥麵包：1片【餡料】炒血腸：60～80g*／奶油：1大匙／炒洋蔥切片：1/4顆份／蝦夷蔥末：適量　●麵包抹上奶油，然後放上炒血腸、洋蔥切片和蝦夷蔥末

* 血腸的內餡：1條份／核桃碎：2大匙／百里香：1/2小匙／橄欖（切末）：1大匙／鹽和胡椒：適量／起司片：1片　●炒血腸時盡量拌開，然後再加入其他配料，炒到起司融化

Memo

這款三明治不只有血腸，還加了奶油跟起司，所以味道更濃郁。如果覺得口味太重，麵包也可以不抹奶油，改用新鮮起司。

Twarożek na Kanapki

白起司三明治

使用新鮮起司
滋味清爽的
波蘭三明治

波蘭的白起司（twaróg）是一種新鮮起司，通常被歸類為凝乳（cheese curd）或茅屋起司，本身帶有一點特殊的風味。這是波蘭人最常吃的起司，通常會配果醬或蜂蜜；也有不甜的吃法，比如和蒔蘿、蝦夷蔥拌在一起。白起司非常便宜，這或許也是它親民的原因之一。無論如何，這都是波蘭人早餐不可或缺的食物。這裡我用了一種叫瓦莎餅（wasa）的波蘭脆餅，上面放了小黃瓜、苜蓿芽等清爽的蔬菜，適合當早餐或零嘴。

材料（3 人份） **Recipe**

【麵包】瓦莎餅：3 片【餡料】起司餡：220g*／苜蓿芽：3 大匙／小番茄（切半）：3 顆份

*白起司或茅屋起司：200g／小黃瓜（切小塊）：1 大匙／韭蔥或大蔥（切末）：1 大匙／蒜末：1 瓣份／亞麻籽（烤過）：2 大匙／鹽和白胡椒：適量

Schabowa Kanapka

炸豬排三明治

放上波蘭傳統料理的開放式三明治

波蘭炸豬排（kotlet schabowy）是波蘭的傳統料理，早在 19 世紀的食譜書就有記載，最常用的肉是豬菲力。波蘭炸豬排的作法與日本炸豬排幾乎一樣，唯一不同的是會先把肉敲薄，跟奧地利的炸肉排一樣。但波蘭的炸豬排不會像奧地利敲得那麼薄，厚度通常會保留 5mm，配菜則通常會搭配馬鈴薯泥或涼拌高麗菜。這裡我是將波蘭豬排做成開放式三明治，而醬料當然不會用豬排醬，當地比較常搭配美乃滋。

材料（1 人份） **Recipe**

【麵包】黑麥麵包或全麥麵包：2 片【餡料】波蘭炸豬排：2 塊 * ／醃黃瓜切片：4 片／蝦夷蔥末：適量【醬料】美乃滋：1 大匙
* 豬菲力：2 片／鹽和胡椒：適量／雞蛋：1 顆／麵粉：1 大匙／麵包粉：5 大匙／沙拉油（炸油）：適量　●作法與日本的炸豬排幾乎相同

Memo

若使用豬里肌，建議事先將肉敲軟，豬菲力的話則沒有必要。也可以將馬鈴薯泥或涼拌高麗菜等配菜一起放到麵包上，這樣就不用加美乃滋了。

Kanapka ze Śledziem

鯡魚三明治

波蘭同樣緊鄰波羅的海，三明治的材料當然也少不了鯡魚；當地愛吃鯡魚的人多到堪稱一種信仰。這款三明治非常適合作為開胃菜或輕食。罐裝或瓶裝的鯡魚有很多種口味，例如油漬、煙燻、醋醃、甜醋漬等等，無論哪種都很適合用來做這款三明治，推薦各位多多嘗試。

材料（4人份） 【麵包】烤過的法棍切片：4片【餡料】奶油：4小匙／油漬鯡魚：4片／炒洋蔥切片：1/4顆份／平葉巴西里：1支／西洋菜：適量

Kanapki z Kiszona Kapusta

酸菜三明治

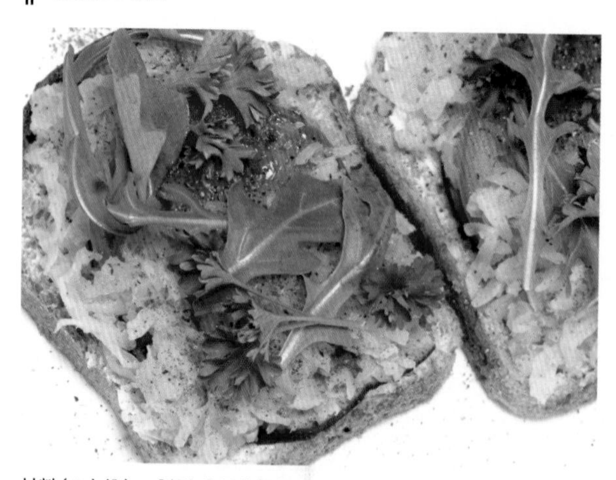

Kiszona kapusta（或者是kapusta kiszona）就是將高麗菜切絲做成的德式酸菜。雖然同樣的東西是德國產的比較有名，但這在波蘭也是很重要的一道菜。其作法非常簡單，只需用鹽巴醃漬高麗菜就能促進發酵，做成酸菜。做好後可以直接吃，還可以拿來製作獵人燉肉（bigos），或當成波蘭水餃（pierogi）的餡料。

材料（2人份） 【麵包】黑麥麵包:2片【餡料】奶油:2大匙／煙燻火腿:2片／德式酸菜：1/2～1杯／紅蘿蔔泥：1根份／番茄片：2片／特級初榨橄欖油：2小匙／孜然粉和卡宴辣椒粉：適量／芝麻菜或巴西里或兩者：適量

Kanapka z Twarogiem i Dżemem

起司果醬三明治

白起司就跟茅屋起司一樣，通常會配果醬或蜂蜜吃。這款三明治無論用黑麥麵包還是一般的白吐司製作都很好吃，而果醬是最受歡迎的起司配料。當地人經常在早餐時吃果醬、蜜餞、或柑橘醬，果醬口味應有盡有，例如醋栗、櫻桃、李子、無花果。

材料（1 人份） 【麵包】吐司或黑麥麵包：1～2 片【餡料】白起司：50g／砂糖：1 或 2 小匙／牛奶：1 或 2 小匙／果醬、蔓越莓醬、蜂蜜、巧克力利口酒等配料：2 大匙

Kanapka z Kotletem Mielonym

絞肉排三明治

歐洲各地都有炸肉排，但比較少這種用麵包粉裹住絞肉的作法。不過這對日本來說一點也不奇怪，因為日本本來就有炸絞肉排。肉的部分一般會用豬牛混合絞肉或純牛絞肉，但也可以用其他種絞肉。實際上，波蘭人也會用雞肉或火雞肉來製作。最後可以依個人喜好加上沙拉、美乃滋、黃芥末醬。

材料（3～4 人份） 【麵包】脆皮麵包或吐司：6～8 片【餡料】絞肉排：3～4 塊＊／番茄片：6～8 片／醃黃瓜切片：2 根份【醬料】辣根醬：4 大匙

＊豬絞肉：250g／牛絞肉：250g／吐司：60g／牛奶：1 大匙／洋蔥末：50g／雞蛋：1 顆／蒔蘿：1 大匙／鹽和胡椒：適量／蒜末：1 瓣份／麵包粉：1/2 杯／沙拉油（炸油）：適量

Zapiekanka

波蘭披薩

這款用法棍製作的開放式三明治，是波蘭代表性的街頭美食，其口味相當多樣，這裡介紹的是最典型的例子。起司部分適合使用艾登、艾曼塔、高達起司，波蘭當地也經常使用一種煙燻山羊起司（oscypek）。但不管用哪種起司，最好都是拿整塊起司現磨。

材料（4人份）　【麵包】法棍：1條【餡料】炒火腿：80～100g*／現刨煙燻山羊起司：4大匙【醬料】番茄醬：4大匙／美乃滋：4大匙（依個人喜好）

*橄欖油：1大匙／火腿丁：4片份／蘑菇切片：4大匙／黃甜椒丁：4大匙

Zapiekanki z Białą Kiełbasą

白香腸波蘭披薩

這也是波蘭披薩很受歡迎的口味之一。波蘭白香腸（kiełbasy białej surowej）是生的，通常會煮熟或烤熟再吃。這裡的食譜將白香腸的腸衣拆掉，內餡捏成漢堡排的形狀，然後煎熟或烤熟。

材料（4人份）　【麵包】法棍切片：4片【餡料】奶油：4小匙／白香腸的內餡：2條份／番茄片：2～4片／起司粉：4小匙／蝦夷蔥或細香蔥（切末）：1大匙●將餡料放在麵包上，用180° C的烤箱烤，出爐後灑上蔥末

Obložené Chlebíčky s Hlívami

秀珍菇三明治

捷克人愛吃菇，每年的蕈菇收穫量高達 2 萬噸，種類也不勝枚舉，超市就能買到各式各樣的菇類。在眾多菇類之中，捷克人最常吃的就是這個食譜用的秀珍菇 。日本也有秀珍菇，這種菇本身的風味不會太突出，所以經常用來做成各種料理。而且正如食譜所示，捷克還買得到瓶裝的秀珍菇。

材料（4 人份） 【麵包】法國麵包切片：4 片【餡料】奶油：4 小匙／鯷魚泥：4 小匙／橄欖切半：4 顆份／醃黃瓜切片：4 片／烤紅椒切片：4 片／瓶裝醋漬秀珍菇：8 塊／蝦夷蔥末和起司粉：適量

Smazeny Syr ‖ 炸起司三明治

這款捷克的人氣街頭小吃貌似某速食連鎖店的魚排堡，不過裡面夾的是起司排。美國人也很愛將莫札瑞拉起司拿去炸，許多酒吧和餐廳都點得到炸起司，不過捷克的炸起司和美國完全不同，起司厚度足足有 15mm。起司不同於肉，很難完全裹上麵包粉。麵包粉一旦剝落，起司就會流出來。

材料（1 人份） 【麵包】小圓法國麵包或漢堡包：1 個【餡料】炸起司排：1 塊 *【醬料】塔塔醬或美乃滋：2 大匙

* 厚切艾曼塔起司：250g ／麵粉：1 大匙／雞蛋：1 顆／麵包粉：1/4 杯／沙拉油（炸油）：適量

Kiluvõileib

小鯡魚三明治

愛沙尼亞最有名的三明治，就是用小鯡魚做的開放式三明治

這款三明治用的小鯡魚（sprat）類似日本銀帶鯡（丁香魚），不過外觀滿不一樣的。小鯡魚體長最大也不滿 12cm，是波羅的海地區捕獲量特別多的魚種之一，許多波羅的海附近賣的鯷魚似乎都是小鯡魚。愛沙尼亞人極度熱愛小鯡魚，因此一年到頭都會吃這款三明治，尤其聖誕節更是不會錯過。2014 年，當地人還在塔林市政廳廣場（Raekoja plats）做了一份全球最長的小鯡魚三明治，全長達 20m。而這個超長三明治，也在轉眼間就被人群吃得一乾二淨了。

材料（1 人份） **Recipe**

【麵包】開胃小點用黑麥麵包：4 片／奶油：4 小匙【餡料】油漬小鯡魚：8 片／紫洋蔥末：4 小匙／水煮蛋切片：1 顆份／帕馬森起司粉：1 大匙／蒔蘿、羅勒、芝麻菜：少許／特級初榨橄欖油：1 大匙

Memo

如果不打算將麵包切成小片，建議留下麵包邊。其他常見配料還有小黃瓜、番茄片、橄欖、酸豆。

Seljački Sendvič ‖ 鄉村三明治

克羅埃西亞最典型的早餐是麵包、牛奶、蜂蜜配蘋果，而這裡介紹的食譜，就是直接將克羅埃西亞的早餐做成三明治的形式。其中麵包含有蕎麥粉；蕎麥粉很早以前就傳入歐洲，但只有在克羅埃西亞普及。蕎麥麵包在早期是買不到麵包的人用蕎麥粉混合麵粉做的東西，但近年隨著人們健康意識抬頭，蕎麥麵包反倒鹹魚翻身，成了高級麵包之一。

材料（1 人份） 【麵包】蕎麥麵包：2 片 * 【餡料】瑞可達起司：50g／鹽和胡椒：適量／蝦夷蔥油或特級初榨橄欖油：1 大匙／蘋果或西洋梨切片：3 ～ 4 片／蜂蜜：1 小匙／碎核桃：1 大匙／各種新鮮香草和時令鮮蔬：適量

*（約 2 條）蕎麥粉：400g ／熱水：400ml ／全麥麵粉：400g ／水：400ml ／乾酵母：2 小匙／核桃：200g ／鹽：1 小匙／橄欖油：4 大匙

Topli Sendviči ‖ 溫三明治

Topli Sendviči 就是溫三明治的意思。熱三明治還算常聽到，溫三明治的講法倒是挺有趣的。這款三明治是一種輕鬆的速食，不僅克羅埃西亞人愛吃，許多遊客也很喜歡。在克羅埃西亞最大城，位於南部大麥町（Dalmatian）的斯普利特（Split），處處都有賣這種三明治的餐廳。材料還包含一種東歐調味鹽（vegeta）。

材料（4 人份） 【麵包】維也納麵包 ：8 片【餡料】綜合起司料：380g*

* 波芙隆起司絲：150g ／火腿丁或義式生火腿丁：150g ／帕馬森起司粉：20g ／東歐調味鹽（類似蔬菜高湯粉的調味料）：適量／德式酸菜：1 大匙／牛奶：50ml ／鹽和胡椒：適量

Kobasica Sendvič ‖ 香腸三明治

材料（2人份） 【麵包】基夫利、短棍或棒狀鹼水麵包：2個【餡料】炒蔬菜：1杯*／奶油：1大匙／塞爾維亞香腸或任何喜歡的香腸：2根／切達起司：2片／巴西里（剁碎）：1大匙【醬料】第戎芥末醬：1大匙

*橄欖油：1大匙／洋蔥切片：1/2顆份／紅椒丁：1/4顆份／蘋果丁：1/4顆份／百里香：1小匙

東歐各國之間飲食文化相互影響，很難界定某種飲食文化屬於某個國家。塞爾維亞香腸（kobasica）是東歐的代表性香腸，不只塞爾維亞人常吃，克羅埃西亞人也很常吃。基夫利（kifli）原本是匈牙利的麵包，但現在東歐各國都有類似的麵包。基夫利看起來很像可頌，不過用的是發酵麵團。塞爾維亞也有受伊斯蘭文化的影響，而這款三明治就是錯綜複雜的文化所形成的產物。

Komplet Lepinja ‖ 完美麵餅

材料（1人份） 【麵包】大一點的漢堡包或皮塔口袋餅：1個【蛋餡】土耳其濃厚奶油（kaymak，類似凝乳的食物）或自製代替品（酸奶油：菲達起司：奶油乳酪＝2：1：2）：1大匙／蛋液：1顆／火腿丁：2片份●將麵包切開，內側抹上蛋餡。上面的麵包不用蓋回去，兩片麵包都內側朝上進烤箱

這是塞爾維亞西部烏日策（Užice）的特色料理，意思是完美的麵餅。當地人常半開玩笑地說：「這玩意兒熱量超高，根本是整坨膽固醇，素食主義者可吃不得。」聽說吃完美麵餅有個規矩，那就是必須用手拿；先拿起上面那片麵包，撕成小塊後沾下面的餡料吃，然後再直接吃下面的部份。吃的時候通常會搭配乳酸飲料。

Cevapcici Sendvič ‖ 切巴契契三明治

切巴契契（ćevapčići）又稱為切瓦普（ćevap）或切瓦皮（ćevapi），是一種肉類料理，據說起源於波士尼亞，在塞爾維亞和克羅埃西亞也是許多人喜愛的街頭小吃，堪稱全球最頂級的街頭食物之一。

材料（4～6人份）　【麵包】皮塔口袋餅：4～6片【餡料】切巴契契：8～12個*／紫洋蔥圈：1顆份【醬料】酸奶油：8～12大匙／紅椒醬（ajvar，加了茄子的辣醬）：8～12大匙

*羊絞肉：450g／牛絞肉：450g／雞蛋：1顆／蒜末：4瓣份／小蘇打粉：1小匙／卡宴辣椒粉與紅椒粉：各1小匙／洋蔥末：1顆份／鹽和胡椒：適量

Pljeskavica ‖ 貝爾格勒漢堡

這是塞爾維亞貝爾格勒（Belgrade）風格的漢堡，作法是將牛豬混合絞肉製作的漢堡排，夾進一種叫勒匹尼亞（lepinja）的口袋餅。通常還會加入洋蔥高麗菜沙拉。

材料（2人份）　【麵包】皮塔口袋餅：2片【餡料】漢堡排（pljeskavica）：2片*／洋蔥末：適量【醬料】土耳其濃厚奶油（p.122）：4大匙／紅椒醬：2大匙

*牛絞肉：300g／豬絞肉：300g／洋蔥：100g／東歐調味鹽（p.121）：2小匙／辣椒粉：1/2小匙／鹽和胡椒：適量／小蘇打粉：1小匙／沙拉油：1大匙

Shopska Salata ‖ 保加利亞沙拉

這道沙拉俗稱保加利亞沙拉，東歐全區都吃得到，材料包含小黃瓜、番茄、洋蔥、青椒，和一種類似菲達起司的起司。不過塞爾維亞的沙拉用料幾乎跟保加利亞沙拉相同。

材料（3人份）　【麵包】皮塔口袋餅：3片【餡料】沙拉：3杯*／保加利亞白起司（sirene cheese）或菲達起司：100g

*烤紅椒（切丁）：2顆份／番茄丁：3顆份／小黃瓜丁：1根份／青蔥或蝦夷蔥末：3條份／巴西里（剁碎）：1/4杯／鹽：適量／特級初榨橄欖油：2大匙／紅酒醋：2或3大匙／特級初榨橄欖油：適量（最後增添風味用）

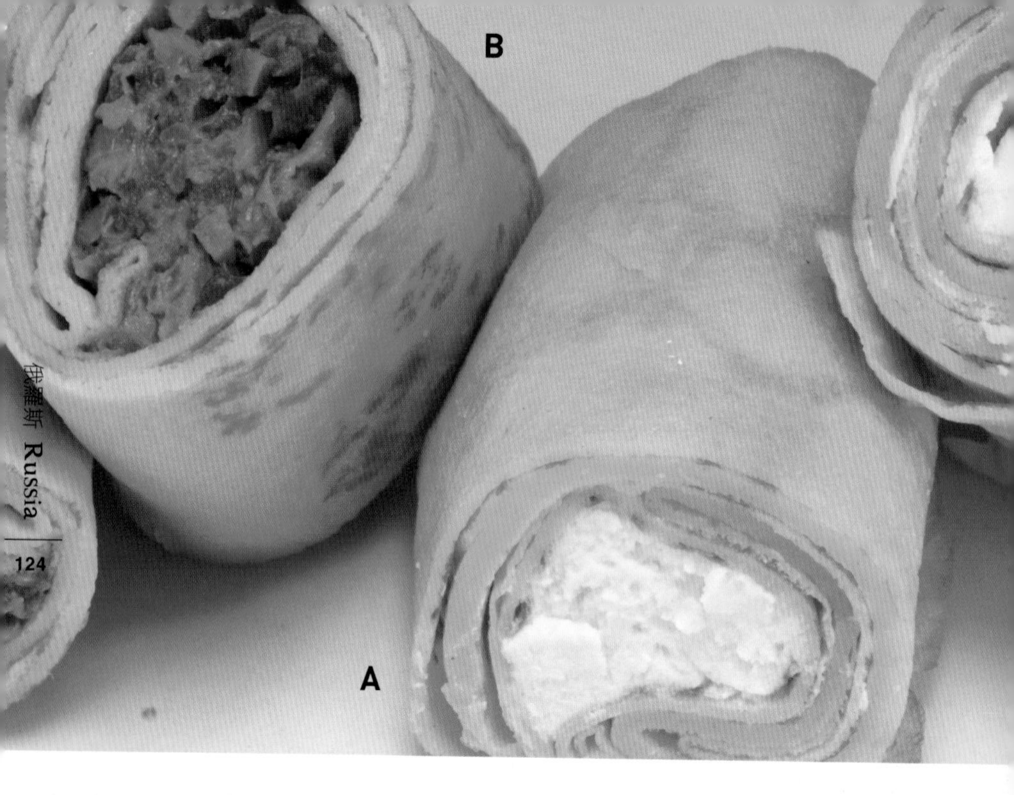

Blini ‖ 布林餅

不只是傳統料理，更是具備文化與宗教意義的重要煎餅

西元前，古斯拉夫人將圓形的布林餅視為太陽的象徵，是冬末謝肉節（Maslenitsa，又稱奶油週或煎餅週）的傳統食物。布林餅是各種煎餅的統稱，而像可麗餅一樣的薄餅則稱作布林茨（blintz）。布林茨在俄羅斯非常受歡迎，人們會用來包各種餡料，切成方便食用的大小後上桌。在美國，只要到俄羅斯人經營的超市，就能看到一堆包著蘑菇、碎雞肉、起司的大盤裝布林茨。布林茨煎好後要先抹奶油再疊到盤子上，不然會黏在一起。

材料（各 5 人份） **Recipe**

【麵包】布林餅：10 張 *【A. 起司餡（混合）】茅屋起司：350g ／雞蛋：1 顆／砂糖：1 大匙【B. 炒蘑菇餡】奶油：2 大匙／蘑菇（剁碎）：800g ／洋蔥末：1 顆份／蒜末：1 瓣份／雞蛋：1 顆／鹽和胡椒：適量

*（15 ～ 20 張份）麵粉：1 杯／砂糖：1 大匙／雞蛋：2 顆／牛奶：1 又 1/2 杯／沙拉油：適量 ●將麵粉和砂糖加入盆中，混合均匀。將雞蛋和牛奶拌匀後慢慢加入盆中，調成偏稀的麵糊。平底鍋中加入少許的油，用煎可麗餅的方式將麵糊煎成薄餅

Memo

早期的麵糊會經過發酵，現在則用泡打粉取代，或連泡打粉也不加。煎法類似煎蛋皮。

Souvlaki ‖ 烤肉串

據說這款遍布全球的世界級速食早在西元前 17 世紀就存在了，真教人吃驚。

材料（2～4 人份）　【麵包】皮塔口袋餅：2～4 片【餡料】希臘烤肉串（souvlaki）：400g*／番茄（切小塊）：2 顆份／小黃瓜（切小塊）：1 根份／紫洋蔥末：1/2 顆份／平葉巴西里（剁碎）：2 大匙／生菜：1 片／鹽和胡椒：適量【醬料】希臘黃瓜優格醬（p.295）：2 大匙

* 切成一口大小的羊肉、牛肉或雞肉：400g／特級初榨橄欖油：50ml／檸檬汁：1 大匙／乾奧勒岡：1 小匙／鹽和胡椒：適量／竹籤：4 根　●將肉以外的材料調勻，用來醃肉。醃好後用竹籤串起來烤

Gyro ‖ 旋轉烤肉

Gyro 的意思是旋轉。製作希臘旋轉烤肉時會用到一種特殊烤肉架（rotisserie），讓肉在烘烤過程緩緩轉動。

材料（3～4 人份）　【麵包】皮塔口袋餅：3～4 片【餡料】希臘旋轉烤肉（gyro）：500g*／番茄（切小塊）：2 顆份／小黃瓜（切小塊）：1 根份／紫洋蔥末：1/2 顆份／平葉巴西里（剁碎）：2 大匙／生菜：2～3 片／鹽和胡椒：適量【醬料】希臘黃瓜優格醬（p.295）：2 大匙

* 雞肉切片：500g／蒜末：2 瓣份／白酒醋：1 小匙／檸檬汁：2 大匙／特級初榨橄欖油：1 大匙／希臘優格：1/4 杯／乾奧勒岡：1 小匙　●肉醃好後用烤箱高温烘烤

Horiatiki ‖ 希臘沙拉

Horiatiki 在美國與許多地方俗稱「希臘沙拉」。這款三明治除了使用希臘沙拉的標準材料以外，也絕對不能少了菲達起司和卡拉馬塔黑橄欖。

材料（2 人份）　【麵包】皮塔口袋餅：2 片【餡料】沙拉：1～1 又 1/2 杯*／菲達起司：2 大匙【醬料】希臘黃瓜優格醬（p.295）：2 大匙

* 洋蔥切片：1/4 顆份（浸泡於 250ml 水與 3 大匙白酒醋的混合液）／番茄（切小塊）：1 顆份／小黃瓜（切小塊）：1/2 根／青椒（切小塊）：1/4 顆份／砂糖：1 小匙／特級初榨橄欖油：3 大匙／橄欖切片：6 顆份／乾奧勒岡：1/2 小匙／鹽和胡椒：適量

Lavash Roll ‖ 亞美尼亞薄餅卷

亞美尼亞薄餅不只是當地人生活中不可或缺的麵包，在文化與宗教上也意義非凡。常有人說亞美尼亞薄餅是使用不發酵麵團做成的麵餅，但其實會利用前一次製作時留下的部分麵團當作起種（starter），或是靜置一段時間自然發酵。亞美尼亞薄餅可以用來包各種餡料，這裡包的是煙燻白肉魚。

材料（1 人份）　【麵包】亞美尼亞薄餅（p.131）：1 片【內餡】煙燻白肉魚（剁碎）：150g／火腿丁：100g／醃黃瓜（剁碎）：2 根份／香菜、蒔蘿、平葉巴西里（剁碎）：各 1 大匙　●將所有材料混合均勻

Losh Kebab with Pida Bread

‖ 半豬半羊堡

卡巴（kebab，或唸作凱巴）是中東和裏海沿岸國家常見的食物，通常是指一種烤肉串。不過亞美尼亞的洛希卡巴（losh kebab）是一種羊肉漢堡排，一般會搭配亞美尼亞薄餅，不過這裡我改用皮達（pida）或佩達（peda）等其他亞美尼亞的麵包。

材料（2～3 人份）　【麵包】皮達麵包：1/4 ～ 1/3 個【餡料】洛希卡巴：4 ～ 6 個 *／番茄片：4 ～ 6 片／小黃瓜片：8 ～ 12 片／紫洋蔥圈：4 ～ 6 片【醬料】希臘乳酪：4 ～ 6 大匙

* 豬絞肉或豬羊各半的絞肉：450g／洋蔥丁：1/4 顆份／平葉巴西里（剁碎）：1/4 杯／雞蛋：1 顆／番茄糊：1 大匙／辣椒粗片：1 小匙／芫荽粉、多香果粉、胡椒：各 1/2 小匙／鹽：1 小匙　●將所有材料拌勻，做成 4～6 個漢堡排

The World's Sandwiches

Chapter 4

中東

黎巴嫩／土耳其／伊朗／以色列

伊拉克／阿富汗／巴基斯坦／中東全區

Atayef Bil Ashta ‖ 奶油半月燒

用黎巴嫩傳統煎餅製作的甜點

這道甜品的作法，是用海綿蛋糕般柔軟的薄煎餅，裹住名為阿殊塔（ashta）的黎巴嫩風卡士達醬，吃的時候再淋上或沾上甜甜的糖漿。開心果的香氣與口感發揮畫龍點睛的效果；糖漿和卡士達醬加了玫瑰水和橙花水等萃取了花香精華的風味水，為甜品增添悅人的香氣。幸運的是，就算人在美國，也可以在中東或印度食品材料行買到材料。有些人也會自己製作材料，所以各位不妨也挑戰看看這道充滿異國風情的美味甜點。

材料（4～6 人份） **Recipe**

【麵包】全麥薄煎餅：4～6 片＊【內餡】阿殊塔卡士達醬（p.295）：2 杯／開心果碎：1/4 杯【醬料】橙花玫瑰糖漿（p.295）：1 杯
＊（12 片份）麵粉：1 杯／全麥麵粉：1/2 杯／牛奶：1 杯／水：1/2 杯／泡打粉：1 小匙／鹽：1/2 小匙／砂糖：2 大匙　●所有材料混合後靜置 30 分鐘。不沾平底鍋加熱，倒入 3 大匙的麵糊，讓麵糊漫開，小火慢煎至表面各處出現氣泡即完成。不需翻面

Memo

由於卡士達醬的份量很多，所以我做的薄餅直徑約為 10～12cm。糖漿除了用在這道甜點上，也可用於其他甜點，或加入冰紅茶等飲料。

Kufta Kabab Roll ‖ 烤肉丸三明治

淋上優格醬的肉丸沙拉三明治

Kufta 可以唸成科夫帖、科夫塔、卡夫塔，但總之是一種絞肉製作的肉丸，除了中東地區，也遍及北非、地中海和波羅的海沿岸國家以及中亞地區，不過黎巴嫩的特別有名。作法是將羊絞肉與香料、香草混合後捏成球狀，串起來後再用手掌稍微壓成扁扁的橢圓形，然後放到烤網上烤。烤熟後抽調竹籤，將肉丸放到皮塔口袋餅上，搭配塔布勒沙拉一起吃；清爽的沙拉可以潤飾羊肉特殊的風味。醬料是以優格為基底，調配以霹靂辣椒製成的哈里薩辣醬、薄荷、巴西里製成。

材料（1 人份） Recipe

【麵包】皮塔口袋餅：1 片【餡料】科夫塔肉丸：2 個 *[1] ／番茄片：2 片／紫洋蔥切片：4 片／塔布勒沙拉：2 大匙 *[2]【醬料】哈里薩辣醬或其他辣椒醬：1 小匙／優格醬（p.297）：1 大匙

*[1] 羊絞肉：120g ／蒜末：1 瓣份／平葉巴西里（剁碎）：1 小匙／芫荽粉：1 大匙／鹽、孜然粉、肉桂粉、多香果粉、辣椒粉、胡椒：皆少許／薑泥：1 小匙　●將所有材料混合後串起，用烤箱或用烤網烤熟　*[2]（4 杯份）碾碎小麥（粗磨麵粉）：1/4 杯／水：適量／檸檬汁：4 大匙／平葉巴西里（剁碎）：3 杯／薄荷（剁碎）：1/2 杯／番茄（剁碎）：2 顆份／洋蔥末：1/2 顆份／多香果粉、肉桂粉、丁香粉、肉豆蔻粉、葫蘆巴粉、薑粉：各 1 小撮／特級初榨橄欖油：3 大匙／鹽和胡椒：適量

Lahmacun with Gavurdağ Salatası

土耳其沙拉浪馬軍

別名「土耳其披薩」人氣扶搖直上的麵餅

浪馬軍（lahmacun）的做法是將麵團桿開後放上絞肉、蔬菜、香草，再送進烤箱烤，國外也稱之為土耳其披薩或亞美尼亞披薩。不過浪馬軍和披薩完全不同，麵團非常薄，而且不會放起司，尺寸最大也不超過 20 公分。浪馬軍直接吃就很好吃，不過用來捲沙拉和炸茄子也不錯，而這裡我加了含大量番茄丁的土耳其沙拉（gavurdağı salatası）。浪馬軍在土耳其、亞美尼亞、黎巴嫩和敘利亞都是非常受歡迎的速食，如今更迅速風靡全球。

材料（4 人份） **Recipe**

【麵包】浪馬軍：4 片【餡料】沙拉：1 又 1/2 ～ 2 杯＊／白乳酪（beyaz peynir）或菲達起司：2 大匙

＊番茄丁：2 顆份／甜椒丁：1 顆份／紫洋蔥丁：1/2 顆份／平葉巴西里：50g／核桃：2 大匙／特級初榨橄欖油：2 大匙／百里香：1 小匙／鹽膚木粉（sumac，p.136）：1 小匙／紅石榴：1 大匙（依個人喜好）／鹽：適量

Lavas Tost

土耳其薄餡餅

餅皮用烤箱烤過也很好吃

土耳其薄餅（lavaş）的用途多、吃法多，可以直接吃，也可以淋上湯汁，或包肉、包菜吃，甚至可以充當湯匙舀其他料理。這一點雖然和皮塔口袋餅和墨西哥薄餅一樣，但土耳其薄餅更充分運用它比其他麵餅更薄的特權，發揮各式各樣的用途。例如用兩片土耳其薄餅夾住起司和蔬菜，表面稍微用平底煎過，或薄餅表面塗上油後用烤箱烤過。剛出爐的土耳其薄餡餅一切開，熱騰騰的起司便會流洩而出。趁熱享用才是上策。

材料（2 人份） **Recipe**

【麵包】土耳其薄餅：2 片 *【內餡】起司絲：1/2 杯／番茄（切小塊）：1 顆份／切碎的酸模或芝麻葉：1/2 杯／鹽和胡椒：適量／橄欖油：2 大匙

*（4 ～ 6 片份）麵粉：4 杯／乾酵母：2 又 1/4 小匙／溫水（約 40℃）：1/4 杯／水：1 又 1/2 杯／鹽：1/2 小匙

Balık Ekmek ‖ 鯖魚三明治

伊斯坦堡金角灣（Golden Horn）的加拉塔大橋兩側有整群的攤販，而這一帶最常見的食物就是這款鯖魚三明治。雖然這就只是麵包夾烤鯖魚，但當地居民和觀光客都愛吃得很。其他配料包含黃瓜、番茄、生菜等蔬菜，還會擠上檸檬汁，最後再撒上鹽膚木，一種果實是紅色的微酸香料。

材料（1 人份）　【麵包】小圓巧巴達或法棍（20cm）：1 個【餡料】醋漬蔬菜：1/2 杯＊／烤鯖魚排：1 片／蘿蔓萵苣：1 片／番茄片：3 片／鹽膚木粉、百里香：各 1 小匙／鹽：適量／橄欖油、檸檬汁：各 1 大匙

＊紅蘿蔔絲：1/3 根份／小黃瓜絲：1/3 根份／白酒醋：1 大匙／砂糖：20g／水：1/4 杯

Sucuk Burger ‖ 香料香腸堡

中亞和中東人常吃的香料香腸（sucuk）通常會將兩條香腸的兩端綁在一起賣。這種牛肉香腸加了孜然、鹽膚木、大蒜、紅椒等香料，香料風味強烈，帶些許酸味。將香料香腸切片，炒過後放上起司，等起司融化後再與蔬菜一起夾進麵包，讓人忍不住想配一杯濃濃的土耳其咖啡。

材料（1 人份）　【麵包】漢堡包：1 個【餡料】小番茄切片：4 顆份／波芙隆或莫札瑞拉起司片：1 片／煎香料香腸切片：8 片／百里香：1 小撮／生菜：1 片

Döner Kebab With Günlük Ekmek

土耳其旋轉烤肉三明治

說到旋轉烤肉，希臘有 Gyro，土耳其有 Döner Kebab，都是將醃了一天的肉直立串起，邊轉邊烤。不過兩者的材料不同，希臘會用到當地特別的黃瓜優格醬，土耳其則會用上大量的鹽膚木，一種風味溫和的乾香料。這款三明治經常是用皮塔口袋餅製作，也很常用一種類似巧巴達的「土耳其日常麵包」（günlük ekmek）。

材料（2 人份）　【麵包】土耳其日常麵包：2 個【餡料】烤羊肉（醃過後用烤箱烤）：250g* ／番茄片：6 片／青辣椒切片：6 片／洋蔥切片：1/4 杯／生菜：2 片／鹽膚木粉：適量【醬料】優格醬（p.297）：2 ～ 4 大匙

* 羊肉片：250g ／洋蔥末：1 顆份／檸檬汁：2 大匙／蒜頭：1 瓣／乾奧勒岡：1/2 小匙／咖哩粉：1/2 小匙／鹽和胡椒：1/2 小匙／橄欖油：1/4 杯

Beyaz Peynirli Sandviç

白乳酪三明治

這是一款很適合當早餐吃的三明治，材料包含浪馬軍那一頁介紹過的白乳酪，還有土耳其芝麻圈（simit），一種將麵團拉成細長條，稍微扭轉後做成的環狀麵包。亞美尼亞也有這種甜甜圈造型的麵包，不過麵團沒有扭轉。白乳酪是一種軟質起司，可以直接用刀抹在麵包上。

材料（1 人份）　【麵包】土耳其芝麻圈：1 個【餡料】白乳酪或菲達起司：40g ／小黃瓜片：10 ～ 12 片／小番茄切片：5 顆份／橄欖切片：2 顆份／特級初榨橄欖油：1 大匙／百里香：1 小撮

Isfahani Biryani with Taftoon

烤肉餅塔夫頓

羊肉出奇地沒有腥味。一定要搭配好吃的麵餅

材料（6 人份） **Recipe**

【麵包】塔夫頓（p.290）：1片【餡料】伊斯法罕羊肉餅：4～6片＊／薄荷葉：少許／杏仁碎和核桃碎：適量
＊羊肉：400g／羊肝：400g／沙拉油：1大匙／洋蔥：1顆／肉桂粉：1大匙／水：4～6杯／月桂葉：2片／鹽：適量 ● 將所有材料加入鍋中，將肉燉軟。用調理機將羊肉和羊肝打碎，然後填入模具煎烤

Memo

這裡的羊肝其實是羊肺。如果找不到羊肺，只用羊肉也沒問題。伊斯法罕羊肉餅類似漢堡排，但不是整塊的肉，只是用模具做出形狀，就像圓頂造型的炒飯也只用湯勺挖起來盛到盤子上那樣。

Biryani 是指伊朗等國吃的一種抓飯，但 isfahani biryani 並不是抓飯，而是一種羊肉料理。抓飯的作法是將米、蔬菜、肉和香料一起烹調，伊斯法罕羊肉餅（isfahani biryani）一般似乎是放在抓飯上吃的東西；此外也經常搭配麵餅，最常搭配的是一種用全麥麵粉做的小石頭餅（sangak）。而這裡介紹的塔夫頓（taftoon）也是伊朗的麵餅，材料包含優格，因此略帶酸味，黃色則來自薑黃。塔夫頓上撒滿了黑種草籽（nigella seed）和白芝麻，味道絕對是一級棒。

Sabich

沙比夫

用口袋餅包炸茄子做成的以色列人氣速食

1940～1950年代，伊拉克的猶太人移民以色列，同時也帶來了這款三明治。由於猶太人在安息日不能做飯，所以通常前一天就會準備好炸茄子、水煮蛋和水煮馬鈴薯。大約1950年代起，以色列開始有人將以上材料包進口袋餅，當作速食販賣，名字就叫沙比夫；如今它已成以色列最受歡迎的街頭美食。內餡除了炸茄子，還有用蔬菜丁做的以色列沙拉、鷹嘴豆泥、中東芝麻醬（tahini）、以及稱作安巴醃芒果醬（amba）。雖然材料沒有肉，但是有炸茄子，吃起來還是很有飽足感。

材料（4人份） **Recipe**

【麵包】皮塔口袋餅：4片【餡料】炸茄子（厚約15mm）：450g／水煮蛋切片：4顆份／洋蔥丁：1/2顆份／平葉巴西里（剁碎）：1/4杯／番茄丁：1杯／小黃瓜丁：1杯／鹽：適量【醬料】芝麻沾醬（p.296）：1/2杯／辣椒醬和安巴醃芒果醬：適量／鷹嘴豆泥（p.297）：適量

Memo

印度的芒果醬（mango chutney）和安巴醃芒果醬很像，也可以用來做這款三明治。不過，這在猶太人眼中恐怕是邪門歪道吧。

Musakhan on Laffa ‖ 焗雞烤餅

將帶骨雞肉
豪氣地放在烤餅上

姆沙卡漢（musakhan）是伊拉克常見的食物，也是巴勒斯坦和約旦的傳統美食。其實約旦才是姆沙卡漢的發源地，不過巴勒斯坦也將其視為國菜。姆沙卡漢的主要材料有洋蔥、帶骨雞肉和鹽膚木。成品之所以帶紫色，是因為用了大量的鹽膚木。鹽膚木帶酸味，不過滋味溫潤，即使大量使用也不會破壞料理的味道，因此可以用來調味肉、魚、沙拉等各種料理。鹽膚木的風味與其他香料截然不同，保證一試成主顧。拉法餅（laffa）類似皮塔口袋餅，不過尺寸大了一倍以上。

材料（4～6 人份） **Recipe**

【麵包】拉法餅：1、2 片或皮塔口袋餅：2、3 片【餡料】烤雞腿肉：4～6 塊＊／鹽膚木粉：適量／松子或杏仁碎：2 大匙

●用拉法餅抹炒洋蔥時鍋中剩餘的橄欖油，再放上雞肉與洋蔥，撒上整面的鹽膚木粉

＊洋蔥丁：2～3 顆份／橄欖油：2 大匙／鹽膚木粉：2 大匙／帶骨雞腿肉：4～6 塊／小豆蔻：1/4 小匙／鹽和胡椒：適量

●用橄欖油將洋蔥炒至半透明狀，用濾網盛起，瀝除多餘的油。將洋蔥倒入盆中，加入鹽膚木粉、鹽、胡椒調味並混合均勻。雞肉則用小豆蔻、鹽和胡椒搓揉過後，用平底鍋煎至表面出現焦色。然後用 180° C 的烤箱烤 20～30 分鐘，直到完全熟透。最後再將洋蔥和肉拌在一起。

Betinjan Maqli on Laffa

炸茄子烤餅

直接將炸茄子
放上拉法餅的
簡樸三明治

製作以色列的沙比夫時，只要將茄子切片炸過即可，不過這款三明治的炸茄子會裹上麵包粉再下鍋炸。義大利與拉丁美洲國家都有炸茄子，因為茄子很適合加油調理，茄子吸了油會變得更好吃。但如果茄子切得太厚，也會吸太多油；不過有個好方法可以避免這個情形，就是將茄子片泡在鹽水中 1 個小時以上。這樣茄子會充分吸收水份，而這些水份會形成屏障，減少吸收的油份。炸茄子酥酥脆脆的，直接吃就很好吃，所以調味可以簡單一點。

材料（4 ～ 5 人份） **Recipe**

【麵包】拉法餅：2 ～ 3 片【餡料】炸茄子：12 ～ 15 片 * ／平葉巴西里（剁碎）：1/4 杯／番茄片：1 顆份／辣椒：1 根【醬料與其他材料】檸檬汁：2 大匙／希臘優格：1/2 杯／鹽膚木粉：1 小撮

*（約 4 ～ 5 條份）／茄子：4 ～ 5 條／鹽：1/2 小匙／胡椒、大蒜粉：1/4 小匙／雞蛋：1 顆／牛奶：2 大匙／麵包粉：1 杯／沙拉油（炸油）：適量

Shish Kabab in Samoon ‖ 烤羊肉三明治

中東烤肉串（shish kabab）是伊拉克的人氣美食，類似希臘烤肉串（p.125）。這道美食源自土耳其，shish就是串的意思，通常會用羊肉，但也可以用牛肉、小牛肉、雞肉，甚至旗魚。伊拉克菱形麵包（samoon）是一種偏厚的麵餅，口感和味道類似義大利的巧巴達，相當好吃。

材料（2～3人份）　【麵包】伊拉克菱形麵包（p.291）：2、3個【餡料】羊肉塊：400g／小番茄：6～12顆／紅椒、青椒（切成一口大小）：各1顆份【醬料與其他配料】鷹嘴豆泥（p.297）：1/3杯／蒔蘿優格醬（p.297）：3、4大匙／鹽膚木粉：3小匙　●肉和蔬菜分開串烤

Bagila bil dihin ‖ 炒蛋蓋蠶豆

這是一道伊拉克平民美食，通常是當早餐吃。雖然將它視為三明治可能有些爭議，但以配料放在麵包上的觀點來說，它完全符合開放式三明治的定義。用不著花大錢就能填飽肚子，也能攝取足夠的熱量。這道菜的作法是將加了滿滿豆子的湯淋在皮塔口袋餅上，很像將還剩很多料的味噌湯淋在飯上吃的感覺。

材料（2～3人份）　【麵包】皮塔口袋餅：4～6片【餡料】水煮豆子：1～1又1/2杯[*1]／煎蛋：2、3份[*2]／檸檬：1/2顆

[*1] 水煮蠶豆：400g／煮豆水：適量／鹽：1小匙／百里香：1小匙
●將所有材料放入鍋中煮熟即可

[*2] 雞蛋：4～6顆／沙拉油：2大匙／洋蔥丁：1/2顆份／紅椒丁：1顆份／小番茄丁：4顆份

Afghani Burger ‖ 阿富汗漢堡

材料（1 人份）　【麵包】長方形的亞美尼亞薄餅（p.131）：1 片或 1/2 片【餡料】番茄片：2 顆份／洋蔥圈：1/4 顆份／水煮蛋切片：1 顆份／高麗菜絲：1 杯／炸薯條：適量／牛肉或雞肉香腸：1 條【醬料與其他配料】番茄酸辣醬（tomato chutney）：2 大匙／芫荽薄荷沾醬（cilantro mint chutney）：2 大匙／查特瑪薩拉香料（p.296）、葛拉姆瑪薩拉香料（garam masala）：適量　●依順將餡料、醬料、香料放上薄餅後包起來

這個漢堡的主角是炸薯條，另外還塞了高麗菜、洋蔥、番茄等蔬菜。裡面沒有類似漢堡排的東西，取而代之的是一根香腸，搭配番茄與薄荷沾醬，再撒上滿滿的查特瑪薩拉香料（chaat masala，用芒果粉和各種香料調配的酸甜香料粉），然後將成堆的材料用直徑約 30cm 的亞美尼亞薄餅捲起來，直徑將近 10cm；這可是永遠吃不飽的學生最愛的食物。

Bolani ‖ 伯拉尼餡餅

材料（6 人份）　【麵包】伯拉尼餡餅：6 片 *【內餡】蝦夷蔥碎：6 根份／新鮮青辣椒末：適量／鹽：1 小匙／芫荽粉：1 小匙／胡椒：適量【醬料】阿富汗菠菜優格醬（p.295）：1/2 杯

* 麵粉：2 杯／水：3/4 杯／鹽：1 小撮／橄欖油（烘烤用）：適量

●將麵團分成 6 等份，擀成圓餅狀，將混合好的餡料均勻塗抹在其中 3 片麵團上，然後將另外 3 片麵團蓋上去，用手指按壓邊緣封住。塗上橄欖油，煎烤兩面

伯拉尼餡餅是當地人生日或節日吃的東西，作法是用不加酵母、也不加泡打粉的樸素麵團，包裹肉、蔬菜、起司等配料後用平底鍋或烤箱烘烤而成；世界各地都有類似的食物。雖然阿富汗的食物深受印度菜的影響，但材料大多更簡單一些，像伯拉尼餡餅的餡料也只有蝦夷蔥、菠菜、南瓜、馬鈴薯等蔬菜。通常還會附上一碗菠菜優格醬。

Nizami Roll ‖ 尼扎米捲餅

麵餅酥酥脆脆 沾醬辛辣有勁

這款捲餅有點像優雅版的阿富汗漢堡，雖然主要配料同樣是炸薯條，但其他配料倒是挺單純的。此外，尼扎米捲餅包的不是香腸，而是辛辣的雞肉。不過這款三明治最值得關注的應該是它使用的千層烤餅（lacha paratha），這種烤餅類似酥皮，裡面有好幾層，而外層口感酥脆。不過千層烤餅的層數沒有酥皮那麼多，而且呈現漩渦狀。我認為這是世界上最美味的麵餅之一，但美中不足的是不太容易把料包起來。

材料（8～12人份） Recipe

【麵包】千層烤餅：4～6片*1【配料】炒雞肉（醃過）：250g*2／炸薯條：適量／洋蔥切片：1/2顆份／香菜（剁碎）：1/4杯／新鮮青辣椒（剁碎）：1條份【醬料】羅望子沾醬（tamarind chutney）、印度青醬（green chutney）：適量

*1 麵粉：2杯／溫水或溫牛奶：3/4杯／酥油：1/4杯、砂糖：1小匙／鹽：1小匙 *2（醃料）薑蒜醬（ginger garlic paste）：2小匙／芫荽粉、孜然粉、多香果粉、辣椒粉、鹽：各適量／檸檬汁：1大匙／優格：1/4杯

Memo

這款三明治的獨特風味來自甜美的羅望子沾醬搭配辛辣的印度青醬，兩者都是這款三明治不可或缺的材料。

Bun Kebab ‖ 豆泥排漢堡

材料（4 人份）　【麵包】漢堡包：4 個【餡料】豆泥排：4 片 * ／洋蔥切片：8 片／番茄和小黃瓜切片：適量／高麗菜絲：適量【醬料】優格青醬（p.296）：8 大匙
* 扁豆：1 杯／馬鈴薯泥：2 顆份／紅辣椒：1 條／孜然籽：1 小匙／蒜末和薑末：各 1 大匙／洋蔥末：1 顆份／芒果粉：2 小匙／葛拉姆瑪薩拉香料：1 小匙／查特瑪薩拉香料（p.296）：2 小匙／雞蛋（裹在豆泥排表面）：2 顆份

作法是將去皮鷹嘴豆或扁豆做成肉餅的模樣，再用漢堡包夾起來，類似義大利的帕尼尼，不同的是還加了馬鈴薯泥、蛋和香料。這款三明治的作法非常簡單，據說源自巴基斯坦北部的拉哈爾，如今已是國民美食，更是喀拉蚩當地最受歡迎的街頭小吃。它的材料完全不含肉類，素食者也能安心享用。

Chatpata Paratha Roll ‖ 酸辣雞肉卷

材料（4 人份）　【麵包】千層烤餅（p.140）：4 片【餡料】炒雞肉：400g* ／紫洋蔥切片、薄荷：適量【醬料】大蒜優格（p.295）：1/2 杯
* 優格：1 杯／青辣椒：4 條／蒜頭：4 瓣／雞肉絲：400g ／奶油：1 小匙／孜然籽、查特瑪薩拉香料：各 1 小匙／薑黃粉、鹽：各 1/2 小匙／檸檬汁：2 大匙

酸辣雞肉（chatpata）的酸辣風味，來自青辣椒、孜然粉、木瓜、優格、檸檬、辣椒，以及查特瑪薩拉香料。基本上，作法就只是將醃過香料優格的雞肉炒熟，不過所有材料融合得恰如其分，形成了中亞印象的風味。此外，也不能錯過千層烤餅那輕薄酥脆的口感。

Falafel ‖ 中東蔬菜球

中東蔬菜球是享譽國際的中東菜，據說起源於埃及，不過埃及當地是用蠶豆製作，不像其他國家是用鷹嘴豆。咬一口熱騰騰的豆泥球，香料、香草與甘甜的豆子風味就會一口氣漫開。

材料（2 人份） 【麵包】皮塔口袋餅：2 片【餡料】中東蔬菜球：8 ～ 10 顆＊／番茄片：4 片／生菜：2 片／松子：適量【醬料】優格醬（p.297）：2 大匙／芝麻沾醬（p.296）：2 大匙

＊用水泡發的乾燥鷹嘴豆或蠶豆：120g ／洋蔥：1/4 顆／青蔥：1/2 支／蒔蘿：15g ／平葉巴西里：30g ／香菜：30g ／蒜頭：3 瓣／小蘇打粉：1/2 小匙／鹽：1 小匙／孜然粉：1 大匙／芫荽粉：1/2 小匙／麵粉：2 小匙／卡宴辣椒粉：1 小撮／白芝麻：2 大匙（依個人喜好）／沙拉油（炸油）：適量 ●用果汁機打勻，搓成約 2 ～ 3 公分的球狀後下鍋油炸

Shawarma ‖ 沙威瑪

希臘的 Gyro、土耳其的 Döner Kebab、以及土耳其以外中東各國吃的沙威瑪，無論作法和吃法都非常接近。有一說認為旋轉烤肉發祥於土耳其，後來才傳入希臘和中東各地。製作沙威瑪時需要花點時間醃肉，通常是用雞肉，但也會用羊肉或山羊肉。

材料（3 人份） 【麵包】皮塔口袋餅：3 片【餡料】雞腿肉（醃過、烤過、切成一口大小）：450g＊／紫洋蔥切片：1/4 顆份／平葉巴西里（剁碎）：1 大匙／生菜：3 片／蒜泥：3 小匙／番茄丁：1/2 顆份／醃黃瓜切片：6 片／高麗菜絲：1/2 杯【醬料】中東芝麻醬（p.296）、辣醬：適量

＊（醃料）檸檬汁：3 大匙／橄欖油：1/4 杯 +1 大匙（烤肉用）／紫洋蔥末：1/2 顆份／蒜末：3 瓣份／鹽：1/2 小匙／胡椒、孜然粉、紅椒粉：各 1 小匙／薑黃粉：1/4 小匙／辣椒粗片：1 小撮

The World's Sandwiches

Chapter 5

北美

美國／夏威夷／加拿大

Pulled Pork Sandwich

手撕豬三明治

絕不讓你優雅品嘗，保證吃到醬汁沾滿嘴

提到美國，就會想到烤肉；而說到烤肉，就會想到南卡羅萊納州、德州和路易斯安那州等美國南部地區。在這片烤肉天堂中最著名的三明治，莫過於手撕豬三明治了。作法是花時間慢慢燒烤豬肩胛肉，烤到用手就能輕易撕開的程度，然後大量堆在漢堡包上，再淋上滿滿的烤肉醬。雖然各地的作法和醬汁不盡相同，但有一點是相通的，那就是無論哪個地區，吃手撕豬三明治時都一定要多準備幾張紙巾，以便隨時擦去沾滿嘴的醬汁。

材料（1人份） **Recipe**

【麵包】漢堡包：1個【餡料】手撕豬肉：100g* ／涼拌高麗菜：2大匙【醬料】喜歡的烤肉醬：1大匙

*（20人份）鹽、胡椒：各1小匙／紅糖：2大匙／紅椒粉：1大匙／無骨豬肩胛肉：2000g ／洋蔥（切成四等份）：2顆份／白酒醋：3/4杯／伍斯特醬：1大匙／辣椒粗片：2小匙／砂糖：1小匙／黃芥末粉、大蒜粉：各1/2小匙 ●將鹽、胡椒、紅糖和紅椒粉混合後抹在豬肉上。準備一個厚底的鍋子，底部鋪上洋蔥，再將豬肉放上去，剩餘的材料混合後淋一半到肉上。蓋上鍋蓋，開小火煮。當豬肉熟得差不多時，再將剩餘的醋料淋到肉上，繼續煮至豬肉熟透。取出豬肉，靜置約30分鐘。將煮過的洋蔥切碎，豬肉用叉子撕碎，兩者混合，再加入喜愛的烤肉醬拌勻即完成

French Dip

法式牛肉三明治

名稱起源與發明者
至今仍是一團謎

洛杉磯有兩家餐廳，至今仍在爭論自己才是法式牛肉三明治的創始店。其作法是用小圓法國麵包或長棍夾起薄切烤牛肉，吃的時候再沾取烤肉時流出的肉汁與牛肉清湯（p.40）做成的蘸醬。雖然名稱中有個「法式」，但它其實和法國毫無關係，名稱的由來也眾說紛紜，有人說是因為用了小圓法國麵包，有人說是因為發明者是法國人，也有人說是因為第一個吃這款三明治的客人姓法蘭奇（French），但這些說法都沒有確切的證據，就跟創始店的爭議一樣，真相無人知曉。如今，這款人氣三明治早已登上許多連鎖餐廳的菜單。

材料（3 人份） **Recipe**

【麵包】小圓法國麵包：3 個【餡料】奶油：3 大匙／烤牛肉切片：450g*／波芙隆起司：100g／辣根芥末醬：3 大匙【蘸醬】烤肉時剩下的肉汁：全部／牛肉清湯：1 杯／鹽和胡椒：適量

* 牛里肌（整塊）：450g／胡椒：2 大匙／鹽：1 小匙／蒜末：1 小匙 ●牛肉抹上胡椒、鹽和蒜末，用 220℃ 的烤箱烤約 45 分鐘

Reuben

魯賓三明治

適合搭配漩渦狀大理石紋的猶太黑麥麵包

這款三明治和法式牛肉三明治一樣，有多人自稱發明者，其中有兩名是猶太人，更教人迷糊的是，他們的名字就叫魯賓（Reuben）。魯賓三明治會用到粗鹽醃牛肉，作法是將猶太黑麥麵包抹上奶油並烤過，再夾起比麵包厚上數倍的一疊牛肉，牛肉上面還會放上融化的瑞士起司和德式酸菜。粗鹽醃牛肉的英文雖然叫「corned beef」，但是跟玉米（corn）一點關係也沒有。Corned 的意思是用綜合香料鹽水醃漬牛肉以延長牛肉保存期限的方法，用的牛肉部位通常是前胸肉（brisket），即前腿內側肩膀部分的五花肉；烤肉時也很常烤這個部位。

材料（1 人份） **Recipe**

【麵包】大理石紋的猶太黑麥麵包：2 片【餡料】奶油：1 大匙／粗鹽醃牛肉切片：4 ～ 6 片*／德式酸菜：3 大匙／瑞士起司：2 片【醬料】千島醬：2 大匙

*（材料見p.16）將列在月桂葉之前的材料（含月桂葉）全部放入鍋中，煮沸後轉小火煮 2 分鐘，然後充分冷卻。用竹籤穿刺肉塊各處，然後將肉放入強韌的塑膠袋，加入冷卻後的醃漬液，放冰箱醃漬一週。之後將肉取出，以清水仔細沖洗，再用繩子捆緊。蒜頭切末、其他蔬菜切成小塊後放入鍋中，接著放入肉，加水至稍微淹過肉的程度，用小火煮約 2 個小時，煮到肉變軟即可。

Chicken Sandwich

雞肉三明治

美國人熱愛的雞肉沙拉三明治

美國有好幾種雞肉三明治，有用烤雞胸肉做的烤雞三明治，也有將雞肉裹上麵衣後油炸做成的炸雞三明治，還有這裡介紹的雞肉沙拉三明治。美國的雞肉沙拉主要是以美乃滋拌切成絲的西洋芹和洋蔥。由於很多美國人不愛吃菜，所以也很常看到沒有蔬菜的雞肉三明治。麵包部分幾乎都是用白吐司，不過美國的美乃滋偏甜，我個人是使用日本的美乃滋。順帶一提，某炸雞連鎖店用兩片炸雞取代麵包的雙層炸雞堡，也算是一種雞肉三明治。

材料（1 人份） **Recipe**

【麵包】吐司：2 片【餡料】雞肉沙拉：1/3 ～ 1/2 杯 * ／生菜：1 片
* 切碎的熟雞胸肉：50g ／西洋芹、洋蔥切丁：各 1 大匙／罐頭玉米：1 小匙（依個人喜好）／美乃滋：1 大匙／檸檬汁：1 小匙／鹽和胡椒：適量

Memo

雞肉可以水煮，也可以爐烤或碳烤，調味也可依個人喜好決定。

Chopped Liver Sandwich

猶太雞肝醬三明治

將滿滿肝醬抹在猶太黑麥麵包上享用

「我算什麼？肝醬嗎？」（What am I, chopped liver?）

這是猶太人常用的比喻。由於肝醬的定位通常是配菜，因此這句話是憤恨自己被人當配菜般輕視的意思。雖然肝醬是永遠的配菜，但仍是猶太人心中一道重要的菜餚，通常是用雞肝製作，類似法國的肝醬。而且就像鴨的料理經常會用到鴨油，猶太雞肝醬也一定會用雞油（schmaltz）增添風味。猶太雞肝醬通常會用兩片猶太黑麥麵包夾著吃。

材料（1人份） **Recipe**

【麵包】猶太黑麥麵包：2片【餡料】猶太雞肝醬：2、3大匙 *

*（10人份）雞肝：450g／雞油或沙拉油：5大匙／水煮蛋：4顆／洋蔥末：1顆份／蒜末：1瓣份／鹽和胡椒：各1小匙／肉豆蔻：1/2小匙　●雞肝用2大匙雞油煎香後，移至另一個容器，再用3大匙雞油炒洋蔥和蒜末。剩下的材料與雞肝、洋蔥一起放入果汁機打成綿密的狀態，然後冷藏一晚

Memo

若無法取得雞油，可用起酥油或沙拉油代替；如果不是猶太人，也可用奶油，不過照猶太人的說法，口味將會截然不同，做不出滋味有深度的雞肝醬。

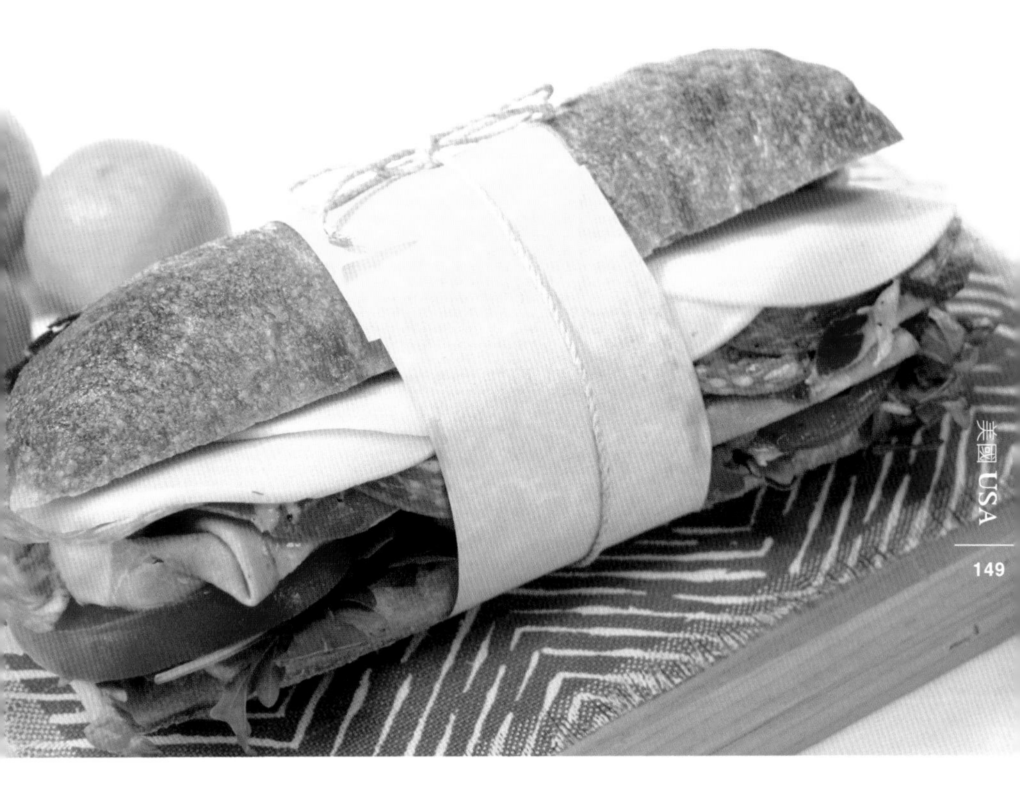

Italian Sub

義式潛艇堡

新英格蘭義大利移民發明的傑作

據說最早是緬因州波特蘭市有一位義大利移民拉著餐車，販售這款三明治，材料包含義大利的冷切肉，如熱那亞臘腸、義式生火腿、義式肉腸，再加上波芙隆起司、番茄、生菜和洋蔥切片，然後用長長的義大利圓麵包夾起來。有些人還會加美乃滋，不過搭配醋和特級初榨橄欖油好吃多了。這道三明治在不同地區也有不同的稱呼，例如 submarine sandwich、hoagie、grinder。無論如何，這是美式三明治的傑作之一，每一口都能品嘗到肉、蔬菜、起司、麵包的完美平衡。

材料（1 人份） **Recipe**

【麵包】小圓巧巴達：1 個【餡料】蘿蔓萵苣（剁碎）：1/2 杯／番茄片：3 ～ 4 片／熱那亞臘腸、風乾豬頸生火腿（capicola）：各 3 片／義式生火腿、義式肉腸：各 1 片／紅酒醋：2 大匙／乾奧勒岡、黃芥末粉：各 1/2 小匙／鹽和胡椒：適量／特級初榨橄欖油：1 大匙／波芙隆起司：2 片

Memo

這裡的麵包是用巧巴達，但法棍之類的脆皮麵包都行。醋的部分，改用白酒醋或巴薩米克醋也很好吃。

BLT

培根生菜番茄三明治

BLT
美國超人氣三明治

B 代表培根（bacon），L 代表生菜（lettuce），T 代表番茄（tomato）。換句話說，這是由培根、生菜、番茄、麵包等四種食材構成的三明治，推測可能是源自於英國的培根三明治（p.20）。培根通常會煎得很脆，但也有不少人喜歡稍微煎過就好。生菜要用結球萵苣（iceberg lettuce），就是日本也隨處可見的圓形生菜。番茄是這款三明治的關鍵材料，最好選用最美味的夏季番茄。麵包不拘，可以用潛艇堡的圓麵包或漢堡包。由於這款三明治非常受歡迎，口味也不勝枚舉。例如，BLAST：多加了酪梨切片和蝦子。BLAT：多加了酪梨切片，擠上萊姆汁，還可以依個人喜好在最上面放苜蓿芽。BLOFT：多加了生洋蔥或焦糖化的洋蔥與菲達起司。BLET：放上水煮蛋切片。

材料（1 人份） **Recipe**

【麵包】小圓巧巴達或法棍：1 個【餡料】煎得脆脆的培根：3～4 片／生菜或蘿蔓萵苣：2 片／番茄片：3～4 片【醬料】美乃滋：1 大匙

Memo

用平底鍋將培根煎脆。不過培根可能會被自己滲出的油脂做成炸培根，如果不想這樣，也可以拿紙巾包住培根後用微波爐加熱，這樣就能輕鬆做出香香脆脆的完美培根。

Club Sandwich

總匯三明治

令人猶豫到底要用兩片還是三片麵包的三明治

總匯三明治的起源同樣難以定論，目前較有力的兩個候選分別是紐約曼哈頓的聯合俱樂部（Union Club），和紐約薩拉托加泉的紳士俱樂部，薩拉托加俱樂部（Saratoga Club）。那裡美其名紳士俱樂部，其實只是賭徒群聚的場所。這款三明治是以培根生菜番茄三明治為基礎，再加上火雞肉或雞肉，而且一定要搭配美乃滋。早期的經典樣式是兩片麵包，但現在用三片麵包製作的樣式（Triple Decker）更為常見。麵包通常會烤過。

材料（1人份） **Recipe**

【麵包】烤吐司：3片【餡料】奶油：1大匙／蘿蔓萵苣：2片／番茄片：4片／煎得脆脆的培根：4片／烤火雞肉切片：4片／鹽和胡椒：適量【醬料】美乃滋：2大匙

Memo

麵包要先烤過再夾餡。火雞肉也很常用雞肉代替。

Grilled Portobello Sandwich

烤波特菇三明治

就算不是素食主義者 也能吃得津津有味的 菇類三明治

很多人可能不清楚波特菇是什麼，其實就是我們平常吃的蘑菇，只是波特菇是磨菇成熟後的樣子。蘑菇又分成白色和棕色的品種，而波特菇屬於棕色的蘑菇，蕈蓋內部近乎黑色。波特菇的蕈蓋最大可達直徑 10 公分左右，厚度也超過 1 公分，口感厚實且有嚼勁，因此素食者經常用來取代三明治的肉餡，據說烤波特菇三明治也是 1990 年代由素食者發起的食物。

材料（1 人份） **Recipe**

【麵包】方形巧巴達：1 個【餡料】醃過、炒好的波特菇（大）：1 片 * ／波芙隆或莫札瑞拉起司：1 片／烤紅椒：1 顆／芝麻葉：1/2 杯

*（醃料）巴薩米克醋：2 大匙／特級初榨橄欖油：1 大匙／第戎芥末醬：1 小匙／蒜末：1 瓣份／鹽和胡椒：適量

Memo

蘑菇可生吃，做成沙拉也很好吃，所以不需要過度調理。不過也不能否認，如果花時間慢慢烹調會更美味。

Breakfast Biscuit Sandwich

早餐比司吉

柔軟的比司吉，滋味甚至能媲美英國司康

比司吉（biscuit）有硬的、有軟的，味道也有甜的和不甜的。源自英國的消化餅乾就屬於甜而硬的比司吉，即所謂的餅乾（cookie）；司康則又軟又甜。美國的比司吉口感偏軟，通常不甜，尤其美國南部人特別喜愛。但無論哪種比司吉，都會用到小蘇打粉或泡打粉。這裡用的是美國的比司吉，吃的時候建議像司康一樣趁熱塗上奶油；夾上火腿或香腸，做成三明治也很好吃。如果再加一顆太陽蛋更是無懈可擊的豪華早餐。

材料（2 人份） **Recipe**

【麵包】比司吉：2 個 *【餡料】火腿：2 片／義式香腸：100g（剝除腸衣，捏成漢堡排的形狀後煎熟）／太陽蛋：2 顆／喜歡的果醬或蜜餞：2～4 大匙

*（5 人份）麵粉：2 杯／鹽：1/2 小匙／泡打粉：2 小匙／無鹽奶油：110g ／牛奶：1 又 1/2 杯　●將麵粉、鹽和泡打粉混合，加入室溫的奶油，拌至粉末變成小小的結塊。加入牛奶，揉成麵團。將麵團分成 5 等分，捏成厚約 2cm 的圓柱狀，用 200℃的烤箱烤 30 分鐘

Muffuletta

摩夫拉塔

在紐奧良復活的義大利西西里風味

這款三明治源自 20 世紀初，由路易斯安那州紐奧良的義大利西西里移民發明，可視為紐奧良版義式潛艇堡。這種撒了芝麻的柔軟麵包，有人唸摩夫拉塔（muffuletta），也有人唸穆弗拉塔（muffaletta）。而內餡的沙拉是用義大利火腿或臘腸、蔬菜丁和橄欖製作的沙拉；不過最近普遍會用義式麵包或法國麵包來取代摩夫拉塔。這款三明治和義式潛艇堡一樣，用料均衡，吃到最後也不會膩。有人說摩夫拉塔是拼寫錯誤下的產物，因為西西里有一種完全一樣的芝麻圓麵包（muffoletta，p.286）。

材料（4～6人份） Recipe

【麵包】摩夫拉塔：1個【餡料】橄欖沙拉：1～2杯＊／義式臘腸：10～12片／義式生火腿：2～4片／波芙隆起司：6～8片／特級初榨橄欖油：2～4大匙

＊（2杯份）綠橄欖、卡拉馬塔黑橄欖（剁碎）：各2/3杯／烤紅椒：1顆／平葉巴西里（剁碎）：1/2杯／乾奧勒岡：1/2小匙／鯷魚泥：2小匙／胡椒：1/2小匙／特級初榨橄欖油：1/2杯

Memo

蔬菜丁要切稍微大一點。三明治做好後可以放一段時間，待各種食材味道融合之後，會比剛做好時更好吃。

Deviled Ham Sandwich

魔鬼火腿三明治

使用魔鬼牌辣火腿醬
製作的三明治

冠上魔鬼（devil）之名的料理其實還挺常見的，據說最早在十八世紀就有人這麼命名了。以前像這種用了辛香料、辣到舌頭彷彿燒起來的食物，名稱前面就會冠上「魔鬼」。我記得過去日本某家庭餐廳也有一道叫「魔鬼雞」的餐點。魔鬼火腿醬是 1868 年推出的產品，出自 1822 年於波士頓創業的威廉．安德伍德公司（William Underwood Company），混合了火腿、辣醬、香料，不過沒有想像中的那麼辣，還算好入口。製作開胃小點時也很常用到魔鬼火腿醬。超市就可以買到罐頭，但有些人也會自己製作。

材料（1 人份） **Recipe**

【麵包】吐司：2 片／美乃滋：1 小匙【餡料】魔鬼火腿醬：100g*／西洋菜或生菜：適量
* 醃黃瓜（剁碎）：1 大匙／第戎芥末醬：1 小匙／伍斯特醬：少許／辣醬：1 小匙／紅椒粉：1/2 小匙／火腿（剁碎）：100g／洋蔥末：1 大匙

Memo

照片中左邊的罐頭就是威廉．安德伍德公司推出的魔鬼火腿醬罐頭。這個魔鬼的商標是美國最古老的商標註冊，至今仍在使用。

Sloppy Joe

邋遢喬

吃這款三明治時，要一手拿著餐巾才合乎禮儀

邋遢喬這個名字挺奇特的，不過吃的時候餡料總會漫出來，把手弄得滑不溜丟的，所以也不難理解何以「邋遢」。至於「喬」，就是美國的菜市場名吧。先不論名字，據說這款三明治是源自愛荷華州一家餐廳發明的肉醬三明治（loose meat sandwich）。它濕軟的內餡有點像甜味的肉醬，也像散開的漢堡肉。美國也有賣這種餡料的罐頭，所以不用特別上餐廳也吃得到，只要準備好罐頭和漢堡包，小孩子也能輕鬆做出邋遢喬。

材料（8 人份） **Recipe**

【麵包】漢堡包：8 個【餡料】邋遢喬：3 ～ 4 杯 *

* 沙拉油：1 大匙／洋蔥、青椒、紅蘿蔔、西洋芹切丁：各 1/2 杯／蒜末：2 瓣份／牛絞肉：450g ／番茄醬汁：2 杯／番茄醬：1/2 杯／紅糖：1 大匙／伍斯特醬：1 大匙／鹽和胡椒：適量

●將蔬菜和絞肉炒熟，加入其他材料煮至質地偏紮實的肉醬狀

Egg Benedict

班尼迪克蛋

將水波蛋劃開
用濃稠的蛋黃
代替醬料

這麼說或許不太厚道，但以美國來說，這款三明治還挺時髦的。其起源同樣眾說紛紜，值得玩味，有人認為是出自某家飯店廚師之手，有人認為來自外國的食譜書。有人說班尼迪克蛋是早餐或早午餐的最佳選擇，不過份量實在豐盛了點。作法是將水波蛋放在加拿大培根或火腿上，再淋上用蛋黃製作的濃郁荷蘭醬；至於底部則是切成兩半的英式瑪芬。通常一人份就會有兩顆蛋跟兩片火腿。

材料（2 人份） **Recipe**

【麵包】英式瑪芬：2 個【餡料】奶油：1 大匙／水波蛋：4 顆＊／加拿大培根或火腿：4 片【醬料】荷蘭醬（p.295）：4 大匙／紅椒粉：1 小撮／蝦夷蔥末：4 小匙

＊雞蛋：4 顆／水：適量／白酒醋：1 小匙

Memo

要做出漂亮的水波蛋並不容易，訣竅是在大量的滾水中加醋，還有別直接將蛋打進滾水。

Crab Melt

蟹肉三明治

這麼高級的蟹肉
拿來做三明治，
可不能流於泛泛之輩

螃蟹在美國也是一種高級食材。美國各地都有產螃蟹，例如緬因州的黃道蟹（rock crab）、橫跨馬里蘭州和維吉尼亞州的乞沙比克灣產的藍蟹（blue crab），還有阿拉斯加州的帝王蟹（king crab）等等。將這些螃蟹的肉做成沙拉、夾進麵包，就成了這款三明治。重點是蟹肉沙拉上還要撒起司，然後用烤箱烤到起司融化。麵包部分一般會用白吐司，但這裡我用切成圓形的布里歐許代替，以示對高級食材的尊敬。布里歐許的奶油香與蟹肉風味相輔相成，讓這款三明治顯得格外別緻。

材料（2 人份） **Recipe**

【麵包】布里歐許（切成圓片並烤過）：4 片【餡料】蟹肉餡：500g*
* 鹽水燙過的蟹肉：450g／檸檬汁：2 大匙／美乃滋：1/4 杯／芥末籽醬：1 小匙／西洋芹末：1/4 杯／蝦夷蔥、蒔蘿（剁碎）：各 1 大匙／帕瑪森起司粉、奶油：各 2 大匙／鹽和胡椒：適量

Clam Roll

酥炸蛤蜊卷

炸貝肉也令人流口水

蛤蜊巧達湯是美國新英格蘭地區的一種知名料理。波士頓周邊的海域近年變得乾淨許多，洛根國際機場附近也能看到漁夫捕獲飽滿貝類的景象。酥炸蛤蜊卷也是當地的特色料理之一，據說是1916年誕生於麻薩諸塞州北部一座濱海小鎮伊普斯威奇（Ipswich）。如今，新英格蘭的海岸線周邊處處都是販賣炸貝肉的店。雖然這款三明治只是用熱狗堡麵包夾炸貝肉，但對愛吃海鮮的人來說當然不容錯過。炸貝肉的要訣是高溫迅速油炸，避免過熟。

材料（1人份） **Recipe**

【麵包】新英格蘭風格的熱狗堡麵包：1個【內餡】奶油：1小匙／炸貝肉：1/2杯*／生菜：1片【醬料】塔塔醬：1大匙

*新鮮貝肉：100g／重鮮奶油：80ml／玉米粉：1/4杯／麵粉：2大匙／鹽和白胡椒：適量、沙拉油（炸油）：適量　●貝肉醃鮮奶油30分鐘。將其他內餡材料混合，裹在貝肉外面後下鍋油炸

Memo

使用的麵包為新英格蘭風格的熱狗堡麵包。炸貝肉擠一點檸檬汁上去也很好吃；如果想加醬，推薦塔塔醬或優格醬（p.297）。

Mother in Law

岳母堡／婆婆堡

芝加哥超市也有賣，夾著玉米粽的奇特熱狗堡

美國人對熱狗相當講究，各地都有當地引以為傲的熱狗，但芝加哥的岳母堡絕對是一大奇兵。Mother in law 的意思是岳母、婆婆，雖然名稱由來不得而知，但可以確定的是，它夾的不是香腸，而是用玉米粉蒸製的玉米粽（tamal）。味道跟熱狗當然不同，至於口感則很類似用竹皮包起來蒸的地瓜圓。玉米粽源自拉丁美洲，墨西哥也有類似的三明治，稱為瓜霍洛塔（guajolota）；但岳母堡不同的地方在於加了辣椒醬。

材料（1 人份） Recipe

【麵包】熱狗堡麵包：1 個【餡料】芝加哥風辣玉米粽：1 個 *【其他餡料】青辣椒（剁碎）：1 條份／洋蔥末：1 大匙／起司絲：1 大匙／辣椒醬：1 大匙

*（6 個份）牛絞肉：250g ／孜然粉、卡宴辣椒粉、洋蔥粉、鹽、胡椒：少許／辣椒粉：2 小匙／砂糖：2 小匙／大蒜粉：1 小匙／玉米粉：2 大匙／番茄醬汁：75g ／ 14x14 公分的蠟紙（包內餡用）：6 張／玉米粉（沾在表面）：1 杯　●混合並捏成雪茄狀，用蠟紙包起來蒸熟

Philly Cheesesteak Sandwich

費城起司牛肉三明治

沒吃過起司牛肉三明治，別說你來過費城 !!

起司牛肉三明治是費城的特色美食，以圓形的義式麵包夾起牛肉薄片，再鋪上融化的起司直到幾乎淹沒牛肉的程度。當地有兩家起司牛肉三明治的名店，各有各的擁護者。點餐的時候有一套規則，就是只能使用三個單字：第一是購買數量，第二是起司種類、第三是要不要加炸洋蔥。舉例來說，如果你想點一份三明治，搭配起司醬（cheez whiz），也要加炸洋蔥，那麼你得說：One（一份）、Whiz（起司醬）、Wit（要加洋蔥）。不過，起司醬只是類似起司的東西，實在有些令人不敢恭維。

材料（1 人份） **Recipe**

【麵包】潛艇堡麵包或小圓法國麵包：1 個【餡料】烤牛肉切片：120g／洋蔥、青椒切片：各 1/4 顆份／蒜蓉：1 小匙／波芙隆起司：2 片／橄欖油：1 大匙／鹽和胡椒：適量【醬料】番茄醬汁或番茄醬：適量（依個人喜好）

Memo

比較簡單的作法是將烤牛肉切成容易入口的大小，再用平底鍋加熱。也可以使用牛肋肉等更多脂肪的部位。

American Taco ‖ 美式塔可餅

傳統墨西哥塔可餅是用質地較軟的玉米薄餅，美式塔可餅則是用塔可脆餅（taco shell），作法是在塔可脆餅中鋪滿肉、蔬菜、莎莎醬和起司絲等等。吃的時候必須歪著頭，因為塔可餅一旦放平，內餡就會全部掉出來。

材料（3人份）　【麵包】塔可脆餅:3片【餡料】辣牛餡:1/2～2/3杯*／切達起司絲、生菜、番茄、喜歡的莎莎醬、酸奶油：份量依個人喜好

*牛絞肉：100g／洋蔥末：1/4顆份／辣椒粉：1小匙／鹽和胡椒：適量／番茄醬汁：50g

Barbecue Sandwich ‖ 烤肉三明治

這款三明治即使用吃剩的肉來製作也完全沒問題，可以拿煮熟的肉絲加烤肉醬重新炒過，或直接將烤肉醬淋在肉上。烤肉醬用市售品即可；蔬菜可加可不加，只要加了烤肉醬，就能稱作烤肉三明治。

材料（1人份）　【麵包】全麥麵包:1個【餡料】炒肉片:150g*【餡料】口感滑嫩的涼拌高麗菜：2～3大匙【醬料】喜歡的烤肉醬：2大匙

*雞肉、豬排肉、或牛排肉：150g／鹽和胡椒：適量

Chow Mein Sandwich ‖ 炒麵三明治

這是麻薩諸塞州福爾里弗（Fall River）一家中餐館推出的在地特色三明治。話雖如此，當地及周邊超市都能買到材料裡的油麵和醬料。感覺類似日本的炒麵麵包。

材料（1人份）　【麵包】漢堡包：1個【餡料】油麵：1包（油炸）／炒蔬菜：1～1又1/2杯*

*沙拉油：1小匙／洋蔥切片：1/4顆份／西洋芹丁：2大匙／豆芽菜：1杯／胡椒：適量／玉米澱粉：1小匙／雞肉清湯:1/2杯／糖蜜:1大匙　●將麵包切成兩半，下半部放在盤子裡，疊上炸過的麵，再倒上炒蔬菜，最後蓋上麵包

Cudighi ‖ 義式肉餅三明治

只有在密西根州上半島一帶才看得到這款特色三明治，作法是用小圓法國麵包夾起類似漢堡排的扁肉餅，肉餅上撒了莫札瑞拉起司，並淋上番茄醬汁。

材料（1 人份）　【麵包】小圓法國麵包：1 個【餡料】義式肉餅（cudighi）：1 個 *1 ／炒蔬菜：1/3 ～ 1/2 杯 *2 ／莫札瑞拉起司：2 片【醬料】番茄醬汁：2 大匙

*1 豬絞肉：150g ／鹽和胡椒：適量／肉桂粉、肉豆蔻粉、丁香粉、多香果粉：少許／蒜末：1 小匙／紅酒：1 小匙　●拌勻後煎熟

*2 蘑菇切片：3 顆份／洋蔥、青椒切片：各 1/4 顆份／沙拉油：1 小匙

Dagwood ‖ 達格伍德三明治

這是由漫畫家迪恩・楊（Dean Young）發明的三明治，登場於 1930 年代風靡世人的漫畫《白朗黛》（Blondie）。達格伍德三明治沒有特定的食譜，只需打開冰箱，看看有什麼材料可以用，然後用吐司夾起來疊得高高的就好。

材料（2 ～ 4 人份）　【麵包】猶太黑麥吐司：5 片以上【餡料（自由搭配）】各種火腿、蔬菜、起司等等：適量／橄欖：2 顆【醬料】黃芥末醬或美乃滋：1 大匙

Veggie Croissant sandwich

‖ 鮮蔬可頌三明治

雖然可頌是法國的糕餅，但法國似乎沒有將可頌做成三明治的習慣。可頌三明治是純粹的美式三明治，而且非常受歡迎，咖啡連鎖店也買得到。

材料（1 人份）　【麵包】可頌：1 個【餡料】小黃瓜片：5 片／番茄片：2 ～ 3 片／酪梨切片：3 片／苜蓿芽：1/2 杯／青醬：1 大匙／新鮮高達起司：2 大匙

Chili Burger ‖ 辣醬漢堡

最受歡迎的漢堡之一，中間的漢堡排還會淋上滿滿的辣豆醬。辣豆醬有時也會擺在漢堡旁邊，或分開來裝。通常還會加起司，但大多不會加蔬菜。

材料（1 人份） 【麵包】漢堡包：1 個【餡料】漢堡排（p.167）：1 個／辣豆醬：適量（p.297）／洋蔥末：1 大匙／切達起司：1 片
【醬料】黃芥末醬：1 大匙

Burrito ‖ 美式墨西哥捲餅

美式墨西哥捲餅與墨西哥當地的不同，餡料有肉、飯、莎莎醬、豆子、酪梨醬、酸奶油等等，基本上把所有想得到的東西都塞進了墨西哥薄餅。美國販售的墨西哥捲餅幾乎都是德州墨式風格。

材料（1 人份） 【麵包】墨西哥麵粉薄餅（flour tortilla）：1 片【餡料】水煮雞胸肉或烤牛肉等：120g／熟飯：2～4 大匙／水煮黑豆：2～4 大匙／生菜（剁碎）：1/4 杯／現磨切達起司：2 大匙／酪梨醬（p.295）、酸奶油、喜歡的莎莎醬：適量

Denver ‖ 丹佛三明治

這是一種煎蛋三明治，別名牛仔三明治（cowboy sandwich），早在美國西部拓荒時期就存在。雖然起源不明，但據說是源自某位中國廚師供應的麵包夾蔥花蛋。

材料（1 人份） 【麵包】吐司或全麥麵包：2 片（烤過）
【餡料】煎蛋：1 個 *
* 洋蔥、青椒、火腿：各 2 大匙／雞蛋：2 顆／牛奶：1 大匙／鹽和胡椒：適量

Hamburger ‖ 漢堡

材料（3～4人份）　【麵包】布里歐許：3～4個【餡料】漢堡排：3～4個*／切達起司：3～4片／番茄、紫洋蔥、酸黃瓜切片：各6～8片／手撕蘿蔓萵苣：3～4片份【醬料】雷莫拉醬（p.297）、蒔蘿芥末醬（p.297）：各1大匙／番茄醬、美乃滋等：適量（依個人喜好）
*牛絞肉：400g／洋蔥末：1/4顆份／蒜末：1瓣份／鹽和胡椒：適量

談到美國三明治，怎麼能少了漢堡？說漢堡是美國飲食文化的象徵恐怕也不為過吧。漢堡的標準配料包括漢堡排、生菜、洋蔥、番茄醬和黃芥末醬。不過漢堡業界競爭激烈，業者為了吸引顧客也必須不斷開發新奇的漢堡，使得漢堡的高度和熱量都逐漸增加。最近許多業者也會在麵包上下功夫，用布里歐許做的漢堡也愈來愈常見了。

Hot Dog ‖ 熱狗堡

材料（1人份）　【麵包】熱狗堡麵包：1個【餡料】100%牛肉的熱狗：1根／德式酸菜或炒洋蔥：1大匙【醬料】辣棕芥末醬：1小匙／番茄糊或番茄醬汁：1大匙

熱狗堡是與漢堡齊名的美國三明治象徵，基本元素包含熱狗堡麵包和100%牛肉的法蘭克福香腸，不過各地的組合大相逕庭。比較具代表性的有紐約風格，材料有德式酸菜、辣棕芥末醬（spicy brown mustard）、洋蔥，堪稱最經典的原味；另有芝加哥風格，材料包含罌粟籽麵包、黃芥末醬、番茄、酸甜黃瓜碎末（relish）、醃黃瓜、西芹鹽等等。

The Elvis

貓王三明治

貓王生前熱愛無比的花生醬三明治

「貓王」艾維斯 普里斯萊（Elvis Presley）對日本人來說，或許已經漸漸成為過往的傳奇，但在美國人心中，他從未離去。在曼菲斯，貓王相關景點仍是當地的觀光焦點。他生前喜歡吃高熱量的食物，尤其是花生醬。他最喜歡將花生醬與香蕉泥抹在麵包上，再放上煎過的培根，做成三明治，因此這個三明治便以他來命名。更誇張的是，據說貓王吃這款三明治時還會配一杯香濃的白脫牛奶。至於這樣到底好不好吃，就見仁見智了。

材料（1人份） **Recipe**

【麵包】烤吐司：2片【餡料】奶油：1大匙／花生醬：2大匙／香蕉片：6～8片／煎培根：2片

Memo

在一片麵包的其中一面抹上奶油，另一面塗上花生醬，塗奶油的那一面朝下，放入熱好的平底鍋。接著放上香蕉片和煎好的培根，再將另一片同樣塗了奶油和花生醬的麵包疊上去，花生醬那一面朝下。中間翻一次面，煎至麵包表面帶焦色即可。

Beef on Weck ‖ 威克牛肉三明治

威克（weck）的意思是撒了葛縷子的凱撒麵包：葛縷子威克（kummelweck roll），而用這種麵包夾起烤牛肉切片，就成了威克牛肉三明治。傳說這款三明治起源於紐約的水牛城，但真相無從得知。

材料（1 人份）　【麵包】葛縷子威克：1 個＊【餡料】牛肉的肉汁或牛肉清湯：1/4 杯／烤牛肉切片：100g／辣根醬：2 大匙

＊凱撒麵包：1 個／水：1 大匙／玉米澱粉：1 小匙／粗鹽：1 小匙／葛縷子：1 小匙　●將麵包以外的材料混合後塗抹在麵包上，用 180° C 的烤箱烤乾表面即可

Bologna Sandwich ‖ 波隆那三明治

美國小孩帶去學校的便當中有兩樣三明治特別受歡迎，一個是花生醬三明治，另一個就是波隆那三明治。波隆那三明治通常就只是用吐司夾波隆那香腸，不過再配個果汁和水果就是一頓午餐了。

材料（2～4 人份）　【麵包】吐司或全麥麵包：2 片【餡料】奶油：1 小匙／波隆那香腸：3～4 片／起司片：1 片／番茄片：2 片／生菜：1 片【醬料】美乃滋：1 小匙／蜂蜜芥末醬或黃芥末醬：1 小匙

Cuban Sandwich ‖ 古巴三明治

這是由佛羅里達州的古巴移民發揚光大的三明治，特色是麵包夾好配料後，還會用烤盤加壓煎烤，因此成品會像拖鞋一樣扁扁的。據說古巴當地也有這款三明治的祖先。

材料（1 人份）　【麵包】古巴麵包（20cm）或潛艇堡麵包：1 個【餡料】奶油：1 大匙／火腿片：100g／古巴烤豬（lechon asado）：100g／瑞士起司：2 片／酸黃瓜切片：3～4 片【醬料】黃芥末醬：1 大匙

Chickpea Salad Sandwich

鷹嘴豆沙拉三明治

不用肉也不用魚，有美味的沙拉就夠了

這款三明治在美國深受素食主義者和純素主義者歡迎，看材料包含使用鷹嘴豆和中東芝麻醬製作的豆泥，也不難想像是啟發自中東的鷹嘴豆沙拉。豆類營養價值高，是素食和純素主義者重要的蛋白質來源。雖然我不太清楚用葷食比喻素食的口感是什麼意思，比方說菇類吃起來像牛排、鷹嘴豆吃起來像鮪魚，但這款三明治本身的味道就很棒，根本不需要、也沒理由這樣比喻。畢竟菇類終究不是牛排，我也不覺得鷹嘴豆吃起來像鮪魚。

材料（3～4人份） **Recipe**

【麵包】全麥或雜糧麵包：6～8片【餡料】沙拉：1～1又1/2杯*／蘿蔓萵苣：3～4片／酪梨、番茄切片：適量
*（約3杯份）罐頭鷹嘴豆：400g／西洋芹、青蔥、紅蘿蔔（切丁）：各1/4～1/2杯／鷹嘴豆泥（p.297）：1/4杯／第戎芥末醬：1大匙／蒜末：1瓣份／檸檬汁：3大匙／鹽和胡椒：適量／大蒜粉、紅椒粉：少許

Memo

也可以加入咖哩粉或孜然粉，做成異國風味。

Baked Bean Sandwich ‖ 烤豆子三明治

麻薩諸塞州的波士頓暱稱為「B 鎮」（BTown），而當地的特色料理之一就是烤豆子，類似日本的蜜煮豆，不過會加培根一起煮。想要做出更具波士頓風味的三明治，麵包的部分可以使用波士頓黑麵包（Boston brown bread）。也有不少人喜歡將材料直接堆在一片麵包上，做成開放式三明治的形式。

材料（1 人份） 【麵包】全麥或雜糧麵包：2 片【餡料】奶油：1 大匙／波士頓風烤豆子罐頭：1/4 杯／生菜或芝麻葉：適量

Marshmallow Spread & Peanut Butter Sandwich

‖ 棉花糖霜＆花生醬三明治

棉花糖霜發祥於波士頓郊區，是一種麵包抹醬，原本是非常在地的食品，不過最近開始有大型製造商推出類似的產品。這款三明治同時使用了棉花糖霜和花生醬，通常暱稱為「fluffernutter」。

材料（1 人份） 【麵包】吐司：2 片【餡料】花生醬：適量／棉花糖霜：適量

Fried Fish Sandwich ‖ 炸魚排三明治

這款麵包夾炸魚排做成的三明治，是新英格蘭緬因州的知名美食。用來製作魚排的魚種很多，但以鱈科的黑線鱈最為常見。某漢堡連鎖店的魚排堡，靈感就是來自這款三明治。

材料（1 人份） 【麵包】漢堡包：1 個【餡料】炸魚排：1、2 片＊／奶油：1 大匙／切達起司：1 片（依喜好）／醃黃瓜切片：2～4 片（依個人喜好）【醬料】塔塔醬：2 大匙

＊白肉魚片：1～2 塊／鹽和胡椒：適量／麵粉：適量／雞蛋：1 顆／麵包粉：適量／沙拉油（炸油）：適量

Lox

煙燻鮭魚貝果

兩種猶太食物以三明治的形式合而為一

猶太人從波蘭移民至美國時，也將貝果一併傳入美國。貝果在烘烤前會先泡熱水阻止麵團繼續發酵，這種獨特的製程造就了密緻而有嚼勁的口感。煙燻鮭魚（lox）也是隨著猶太移民傳入美國的食物，Lox 在意第緒語中（laks）的意思是鮭魚；意第緒語是猶太人移民美國前使用的語言。這款三明治還用了柔軟的奶油乳酪，與兩樣食物非常合拍，如今已是美國典型的一項早餐。

材料（1 人份） Recipe

【麵包】罌粟籽貝果：1 個【餡料】奶油乳酪：2 ～ 4 大匙／蝦夷蔥、蒔蘿（剁碎）：各 1 大匙／鹽和胡椒：適量／煙燻鮭魚：2 ～ 4 片／酸豆：1 小匙

Memo

也可以將蒔蘿或蝦夷蔥拌入奶油乳酪。海鮮料理經常會用到蒔蘿，因為其獨特的香氣特別適合搭配海鮮。

Lobster Roll ‖ 龍蝦堡

來到波士頓，豈能不吃龍蝦堡？人們對這款三明治總是爭論不休，好比說餡料到底只用龍蝦肉就好，還是要加西洋芹？要做成熱的，還是冷的？我個人理想中的龍蝦堡是用無糖美乃滋，也會加入西洋芹；混合不同口感的材料可以增加整體的複雜度。麵包的話，用平凡無奇的熱狗堡麵包未免太乏味，如果可以，建議使用布里歐許。

材料（各 1 人份）　【麵包】小圓布里歐許：2 個 **A：**涼拌龍蝦堡【龍蝦沙拉材料（全部混合）】料理好的龍蝦肉（大致切碎）：1/2 杯／美乃滋：1 大匙／檸檬汁：1 小匙／西洋芹、青蔥（切末）：各 1 大匙／蒔蘿（剁碎）：1 小匙／鹽和胡椒：適量【其他配料】奶油：1 大匙／檸檬：1/8 顆 **B：**熱龍蝦堡奶油：1 大匙／溫熱的龍蝦肉（大致切碎）：1/2 杯／鹽和胡椒：適量【醬料】融化的奶油：2 大匙

Oyster Loaf ‖ 牡蠣三明治

我原本以為只有日本人會吃炸牡蠣，沒想到美國竟然有炸牡蠣三明治。這種三明治起源於紐奧良，不過和日本不一樣的地方在於炸牡蠣的麵衣是用玉米粉而不是麵包粉，歷史也比日本還要悠久。1893 年 8 月 28 日刊行的《舊金山郵報》（San Francisco Call）對於和事佬（peacemaker，牡蠣三明治的別名）描述得非常詳盡，意味著牡蠣三明治早在當時便已存在。

材料（1 人份）　【麵包】小圓法國麵包：1 個【餡料】炸牡蠣：4 ～ 6 顆 *／奶油：1 大匙／切碎的生菜：1/4 杯／番茄片：2 ～ 3 片／巴西里：適量

* 新鮮牡蠣：4 ～ 6 個／麵粉：適量／黃玉米粉：適量／鹽和胡椒：適量／沙拉油（炸油）：適量

Grilled Cheese Sandwich ‖ 烤起司三明治

這是一款便宜、簡單、任何人都做得出來的三明治，從經濟大恐慌時期便相當受歡迎，直至今日仍屹立不搖。作法是將美國起司夾在麵包裡，然後用平底鍋煎烤。現在這款三明治也變得豪華許多，還會用各式各樣的起司製作。

材料（1 人份）　【麵包】吐司：2 片【餡料】起司片：2 片／奶油：1 大匙

Hot Roast Beef Sandwich ‖ 烤牛肉三明治

這款三明治可能源自一本 19 世紀出版的三明治食譜書，裡面有一款三明治的作法就是「將 2 片麵包抹上奶油，夾入烤牛肉，再加入 2 大匙的肉汁醬（gravy）」。

材料（1 人份）　【麵包】吐司：2 片【餡料】烤牛肉切片：100g ／馬鈴薯泥：2 大匙【醬料】肉汁醬：2 大匙

Jucy Lucy ‖ 多汁露西堡

這個漢堡看起來沒有起司，其實是將起司包在漢堡排裡面。這款別有趣味的起司漢堡來自明尼蘇達州明尼阿波利斯市（Minneapolis），至今仍有兩家酒吧聲稱自己是創始店。

材料（1 人份）　【麵包】漢堡包：1 個【餡料】漢堡排：1 個 * ／生菜：1 片／番茄、紫洋蔥切片：各 1 片【醬料】黃芥末醬、番茄醬：各 1 大匙

* 牛絞肉：150g ／切達起司：1 片／蒜末：小匙 ／鹽和胡椒：適量／伍斯特醬：少許

Meatball Sandwich ‖ 肉丸三明治

美國的肉丸相當巨大，有日本的兩倍大，而這款三明治就夾著大概四顆這種尺寸的肉丸，蔬菜頂多只有巴西里，此外還會淋上番茄醬汁，肚子餓的時候最適合吃這種份量十足的三明治。只不過美國三明治對日本人來說，份量實在太多了。

材料（1人份）　【麵包】潛艇堡麵包：1個【餡料】大肉丸：3、4顆／番茄醬汁：2或3大匙／波芙隆起司或莫札瑞拉起司片：2片／巴西里：適量

Meatloaf Sandwich ‖ 烘肉餅三明治

烘肉餅（meatloaf）通常很大一份，一餐吃不完；但不用擔心，隔天還可以做成三明治，甚至可以說隔天再吃會更好吃。記得淋上剩下的醬汁，也別忘了加點醃黃瓜。至於要直接吃還是加熱後再吃，全看當天的心情。

材料（1人份）　【麵包】義式麵包：2片【餡料】厚切烘肉餅：1片／醃黃瓜切片：4片／生菜：2片／番茄片：2片（依個人喜好）【醬料】芥末：2大匙／番茄醬汁或番茄醬：2大匙／辣醬：適量

Pastrami Sandwich ‖ 煙燻牛肉三明治

羅馬尼亞的煙燻牛肉（pastrami）類似粗鹽醃牛肉，19世紀跟著羅馬尼亞猶太移民傳入美國，傳統上會夾在塗滿黃芥末醬的猶太黑麥麵包裡面吃。

材料（1人份）

材料（1人份）　【麵包】猶太黑麥麵包：2片【餡料】奶油：1大匙／煙燻牛肉切片：100g【醬料】芥末籽醬：1大匙

Vermonter Sandwich

佛蒙特三明治

夾著各種佛蒙特名產的三明治

佛蒙特州的楓糖漿和切達起司夙負盛名，當地也盛產蘋果，還是知名的火雞獵場；而這款三明治結合了上述的佛蒙特名產。麵包部分通常會使用甜甜的肉桂葡萄乾麵包。雖然甜鹹交錯的滋味有點奇特，不過所有材料中唯一的油脂只有奶油，青蘋果的清新和 sharp 級切達起司的熟成滋味交織，形成非常有趣的味道。不同口感的食材搭配，也是這款三明治美味的關鍵。

材料（1 人份） Recipe

【麵包】肉桂葡萄乾麵包或雜糧麵包：2 片【餡料】無鹽奶油：1 大匙／料理好的火雞（切片）：3 片／蘋果片：4 片／火腿：2 片／ sharp 級切達起司：1 片【醬料】楓糖漿：2 小匙／芥末籽醬：1 大匙

Memo

也可以用料理過的雞肉代替火雞肉，這時記得肉要盡量切薄一點。

Pork Tenderloin Sandwich

菲力豬排三明治

美國中西部人人愛的美式炸肉排三明治

世界各地都有外面裹著麵衣的炸肉排或炸魚排，例如日本、奧地利和德國的炸豬排、義大利和拉丁美洲的米蘭炸肉排（milanese）。而美國的炸豬排三明治，就是這款菲力豬排三明治。這款三明治在德國移民較多的美國中西部特別受歡迎，由此可以推論其源頭是維也納炸肉排（p.38）。不過美國似乎不會將肉敲扁，有時麵衣也會用玉米粉，但還是麵包粉比較好吃；如果是用日本的麵包粉那就更棒了。題外話，最近有愈來愈多美國食譜指定使用日本麵包粉了。

材料（1 人份） **Recipe**

【麵包】凱撒麵包或漢堡包：1 個【餡料】豬排：1 個 * ／紫洋蔥圈：4 片／醃黃瓜切片：4 片【醬料】黃芥末醬：1 大匙

* 厚切豬菲力：1 片／鹽和胡椒：適量／麵粉：適量／雞蛋：1 顆／牛奶：1 大匙／麵包粉：適量／沙拉油（炸油）：適量

Memo

世界各地都有裹著麵衣的油炸食品，但日本炸東西的方法還是最好的。

Patty Melt ‖ 起司肉餅三明治

這款三明治可以想成用猶太黑麥麵包做的美式漢堡。將所有餡料連同起司一起用平底鍋煎烤兩面。起司被熱騰騰的漢堡排夾住，輕輕鬆鬆就融化了。

材料（1 人份） 【麵包】猶太黑麥麵包：2 片【餡料】無鹽奶油：1 大匙／洋蔥切片：1/2 顆份／漢堡排：1 個（p.167）／鹽和胡椒：適量／瑞士起司：1 片

Primanti ‖ 普利曼提三明治

這款三明治發明於賓州匹茲堡一間名為普利曼提（Primanti）的餐廳，源自一項非常豪爽的創意：將附餐一起夾進麵包做成三明治。

材料（1 人份） 【麵包】義式麵包：2 片【餡料】煙燻牛肉：4 片以上／波芙隆起司：2 片／炸薯條：6 ～ 8 條／醋拌高麗菜：2 大匙 * ／番茄片：2 片

*（5 ～ 6 人份）高麗菜絲：800g ／紅蘿蔔絲：1 根份／洋蔥切片：1 顆份／白酒醋：1/2 杯／砂糖：1 大匙／特級初榨橄欖油：2 大匙／蒜末：1 瓣份／胡椒：1 小匙／鹽：1 大匙

Roast Beef Sandwich ‖ 烤牛肉三明治

現代的烤牛肉三明治是麻薩諸塞州波士頓的名產，據說源自 20 世紀初出版的某書籍中一個使用甜味波士頓黑麵包的食譜。

材料（1 人份） 【麵包】波士頓黑麵包或全麥麵包：2 片【餡料】烤牛肉：4 ～ 5 片／奶油：1 大匙／番茄片：1 片／切達起司：1 片／生菜（剁碎）：1 片份【醬料】美乃滋或千島醬：1 大匙

Spiedie ‖ 義式串燒三明治

這款三明治的名稱並不是因為它很快就能做好，而是源自於義大利文中的「串」（spiedini）。它是紐約州賓漢頓（Binghamton）的特色三明治，當地每年都會舉辦盛大的義式串燒三明治主題活動。

材料（1人份）【麵包】小圓法國麵包或法棍（20cm）：1個【餡料】肉和蔬菜的串燒：肉、蔬菜各1串＊
＊肉（什麼肉都可以。切成一口大小，用醋和各種香草抓醃）：300g／青椒和紅椒（切成一口大小）：各1顆份／洋蔥（切成一口大小）：1/4顆份

Steak Bomb ‖ 牛肉炸彈堡

這是源自新罕布夏州的三明治，內涵遠比外表時髦許多，不但煎蘑菇時會用波本威士忌火燒，還會配上蒜香美乃滋（aioli）。

材料（1人份）【麵包】漢堡包：1個【餡料】蔬菜炒牛肉片：2/3～1杯＊【醬料】蒜香美乃滋（p.295）：2大匙／波芙隆起司：1片
＊奶油：1大匙／特級初榨橄欖油：1大匙／洋蔥切片：1/4顆份／蘑菇切片：4～6顆份／鹽和胡椒：適量／波本威士忌或白蘭地（火燒用）：1大匙／牛肉切片：120g

Turkey Apple Sandwich ‖ 火雞蘋果三明治

吃火雞好像真的能催生睏意。美國人會在感恩節的隔天打著哈欠，將吃剩的火雞用麵包夾起來吃。這也是三明治店的菜單上一定會有的人氣美食。

材料（1人份）【麵包】吐司或全麥麵包：2片【餡料】奶油：1大匙／切達起司：1片／火雞肉切片：4片／蘋果片：4片【醬料】蜂蜜芥末醬：1大匙

Muffinwich

馬芬三明治

甜點愛好者欲罷不能的濕軟馬芬三明治

聽到馬芬，很多人可能會想到英式瑪芬，但這裡是用加了泡打粉、烤得蓬蓬的美式甜馬芬來製作三明治。美國的馬芬比日本的馬芬大上一圈，頂部膨脹的部分直徑有時候甚至有 7 ～ 8 公分。但如果是一口大小的馬芬，也比較難拿來做三明治。這裡我不標新立異，製作最經典的口味。我用的起司是瑞可達，也可以用打發的奶油乳酪或馬斯卡彭乳酪取代，用新鮮的高達起司也很有趣。

材料（1 人份） **Recipe**

【麵包】藍莓馬芬或其他口味的馬芬：1 個【餡料】瑞可達起司：1 大匙／黑莓或其他喜歡的莓果：4 顆／黑莓果醬或其他喜歡的果醬：1 小匙／核桃碎：2 小匙

Memo

餡料不一定要是甜的，有冒險精神的人也可以嘗試配荷包蛋、培根、火腿等各種材料。

S'more

棉花糖夾心餅

童子軍和女童軍
露營時必吃的
經典三明治

我幾十年前初到美國時，有一次騎馬去露營，到了晚上，大家就會用營火烤棉花糖串。當時有個人帶著全麥餅乾和巧克力片晃來晃去，等到棉花糖烤到微焦，就將全麥餅乾分成兩塊，放上棉花糖，疊上巧克力片，再用另一片全麥餅乾做成夾心餅乾，然後以不會捏碎餅乾的力道緊緊壓好。那是我第一次吃到棉花糖夾心餅，以日本人的口味來說可能稍嫌甜膩，但美國孩子可愛吃極了。

材料（1人份） **Recipe**

【麵包】全麥餅乾：1片【餡料】棉花糖（大）：1顆／巧克力片：1片（45g）

Memo

棉花糖的大小要略大於高爾夫球。如果用小的棉花糖則需要2顆。

Doughnut Sandwich

甜甜圈三明治

無與倫比的組合。偶爾還可以夾一片漢堡排

早晨的甜甜圈店總是忙成一團，所有客人都是上門拿了甜甜圈和甜咖啡就走。在美國，甜甜圈是早餐吃的東西，而愛吃甜甜圈的美國人，會想到將甜甜圈做成三明治也不足為奇，像路德漢堡（Luther burger）就是用糖霜甜甜圈取代麵包做成的漢堡。而且這也不是什麼稀奇的食物，聽說棒球場也有賣。至於我這裡介紹的三明治，跟路德漢堡比起來簡直不值一提。加個火腿，應該還不算太過份吧。

材料（1 人份） Recipe

【麵包】喜歡的甜甜圈：1 個【餡料】火腿：1 片／起司片：1 片／喜愛的果醬、果凍、蜜餞：1 小匙

Memo

只要把甜甜圈當成麵包的替代品，那不管要夾什麼都不是問題。實際上，也有人會夾炸雞、牛排、冰淇淋等各式各樣的食物。

Ice Cream Sandwich ‖ 冰淇淋三明治

每逢夏天，冰淇淋車總會現蹤孩子玩耍的公園，當車子音樂一響，孩子們便會湊上前去。其中大家喜愛的品項之一，是用餅乾夾冰淇淋做成的三明治。

材料（1人份）　【麵包】巧克力碎片餅乾（大）：2片【餡料】香草冰淇淋：2球／堅果或糖粒：適量

Monte Cristo ‖ 基督山炸三明治

這款三明治可謂美國版的庫克先生三明治，不過印象截然不同，上面撒了糖粉，還會搭配果醬。此外，它也是迪士尼樂園的超人氣美食。

材料（1人份）　【麵包】吐司：2片*【餡料】第戎芥末醬：1大匙／火腿：1片／烤火雞切片：3～4片／艾曼塔起司：1片／無鹽奶油：1大匙（煎吐司用）／糖粉、喜歡的果凍或果醬：適量

*（泡吐司的蛋液）雞蛋：1顆／牛奶：2大匙／鹽和胡椒：適量　●吐司泡過蛋液後下鍋煎

Peanut Butter & Jelly Sandwich

‖ 花生醬&果醬三明治

仔細地將一片麵包塗滿花生醬，不留任何空隙，另一片麵包以同樣的方式塗上葡萄果醬，將兩片麵包合在一起後即可大快朵頤。美國人對這款三明治的要求可高了。

材料（1人份）　【麵包】吐司：2片【餡料】花生醬：適量／葡萄果醬或其他喜歡的果醬：適量

Po'Boys ‖ 窮小子三明治

紐奧良人常吃海鮮，而窮小子三明治是一種用小炸蝦做的三明治。玉米粉麵衣炸起來輕薄酥脆，擁有與麵包粉不同的滋味。1920 年代，某路面電車公司發生了罷工事件，有一家餐廳的老闆曾是該公司員工，罷工期間，他免費提供三明治給那些罷工的員工。餐廳老闆稱他們為「poor boys」（窮小子），後來簡化為「po'boys」。

材料（1人份）　【麵包】小圓法國麵包或潛艇堡麵包：1個【餡料】炸蝦：6隻（大）或12隻（小）／生菜：1片／番茄片：3～4片【醬料】融化的奶油、辣醬：適量

*[麵衣 **A**]雞蛋：1顆／牛奶：1大匙／辣醬：1小匙[麵衣 **B**]麵粉：2大匙＋老灣調味粉（p.295）：1小匙[麵衣 **C**]玉米粉：適量　●蝦子依序沾上A、B、C三種麵衣，以高溫快速油炸

Cajun Perch Po'Boys ‖ 肯瓊炸魚窮小子三明治

這是用魚取代蝦子的窮小子三明治，使用的魚是海鱸魚（ocean perch），一種類似日本紅焰平鮋（Sebastes flammeus）的白肉魚。麵包的部分和經典版本一樣，使用類似法棍的紐奧爾良法國麵包。鱸魚片通常不大，正好可以夾進潛艇堡或法國麵包。如果魚肉片太小，則夾兩片。這款三明治一定要搭配香香辣辣的涼拌高麗菜，不管要夾進麵包或放在旁邊都可以。

材料（1人份）　【麵包】小圓法國麵包或潛艇堡麵包：1個【餡料】炸魚排：1、2片*1／番茄片：4片／香辣涼拌高麗菜：1/4杯*2【醬汁】美乃滋：1大匙／辣醬：1小匙

*1 海鱸魚片：1～2片　●魚排的作法與「窮小子三明治」相同　*2（6～8人份）高麗菜絲：1/2顆／青椒切絲：1顆份／甜味醃黃瓜（切片）：1條份／哈拉佩尼奧辣椒（jalapeño）切末：1條份／甜味醃黃瓜的汁：2大匙（依個人喜好）／米醋：2大匙／青蔥或蝦夷蔥切絲：1/2

Grilled Hawaiian Teriyaki Burger

夏威夷照燒牛肉堡

融合夏威夷與日本文化的甘甜漢堡

夏威夷有許多日本移民，文化上——尤其飲食文化方面也受到日本的影響。日本的漢堡連鎖店也有照燒堡，但跟夏威夷的不太一樣。不，應該說完全不一樣。首先是麵包，夏威夷用的是夏威夷甜餐包（Hawaiian sweet rolls），一種加了鳳梨汁的甜麵包。漢堡排上面還放著鳳梨，充滿夏威夷風情。照燒醬是以醬油基底製作的醬汁，而夏威夷通常會用帶甜味的阿羅哈牌（Aloha）醬油。蔬菜部分只有生菜，偶爾也會加番茄；也可以將美乃滋淋在照燒醬上。無論怎麼做，它都是甜味漢堡的代表。

材料（4 人份） **Recipe**

【麵包】夏威夷甜餐包：4 個【餡料】漢堡排：4 個（p.167）／生菜：2 片／鳳梨片：4 片【醬料】照燒醬：4 大匙 * *〔1/3～1/2 杯份〕紅糖：4 大匙／醬油：4大匙／麻油：1 小匙／水：1/4 杯／蒜泥、薑泥：各 1 小匙　●加熱攪拌至砂糖溶化。也可以將材料加入漢堡排拌勻

Memo

照燒醬不一定要完全照著本頁食譜製作，可以用自己喜歡的作法，或用市售的照燒醬代替。

Baked Ham & Swiss Cheese Sandwich

烤火腿＆瑞士起司三明治

甜甜的麵包撒上罌粟籽，還有畫龍點睛的芥末

夏威夷甜餐包通常是晚餐吃，造型小巧，用來做成三明治相當可愛，通常會以前菜或開胃菜等可以單手拿取的份量供應。這款三明治也是活用了其小巧尺寸製作的小點心，而它特別的地方在於餐包上花了點巧思：塗上罌粟籽、第戎芥末醬、奶油調成的醬料後再烘烤，因此麵包表面帶有光澤，也吸收了芥末和伍斯特醬的風味，形成鹹甜鹹甜的滋味。

材料（4 人份） Recipe

【麵包】夏威夷甜餐包：4 顆【餡料】蜜汁火腿：4 片／瑞士起司：4 片／美乃滋：4 小匙【麵包表面塗料】罌粟籽：1 小匙／第戎芥末醬：4 小匙／溶化奶油：4 小匙／洋蔥粉：1 小匙／伍斯特醬：少許

Memo

麵包表面塗料調好後，可以用刷子塗在夾著餡料的麵包上，或用湯匙舀起來淋上去，然後放入烤箱烤到起司融化即可。

Kalua Pork Sandwich ‖ 卡魯瓦烤豬三明治

卡魯瓦（kalua）是夏威夷一種使用地窯（imu）的調理方式，而卡魯瓦烤豬就是地窯烤豬。用檀香和香蕉皮燻烤過的豬肉帶有獨一無二的香氣和風味，撕成小塊後夾進夏威夷甜餐包，再淋上甜甜的鳳梨佐料（pineapple relish），便形成夏威夷各種特色食材合而為一的獨特三明治。

材料（4 人份） 【麵包】夏威夷甜餐包：4 個【餡料】烤豬肉：300g／奶油：4 大匙／涼拌高麗菜：1 杯 *【醬料】甜辣醬（p.296）：4 大匙／鳳梨佐料：4 大匙

* 洋蔥切片：1/4 顆份／麻油：1 小匙／米醋：1 小匙／胡椒：適量／紫高麗菜絲：1 杯

Spamwich ‖ 午餐肉三明治

午餐肉是一種豬肉罐頭食品，二戰期間成為美國與各國的軍糧，且至今依然健在。大家都知道夏威夷人很常吃午餐肉，還會用來做成壽司和海苔手卷，令人想起 1970 ～ 1980 年代風靡全球的英國喜劇節目《蒙提・派森的飛行馬戲團》，有一集的主題就是「午餐肉」。這款三明治是用午餐肉取代漢堡排做成的漢堡。

材料（1 人份） 【麵包】漢堡包：1 個【餡料】午餐肉：60g ／起司片：1 片／生菜：1 片／鳳梨佐料：2 ～ 4 大匙 *

* 鳳梨切丁：1 片份／辣椒醬：1 小匙／洋蔥丁：1 大匙／紅辣椒粗片：少許／醬油：少許

Hot Chicken Sandwich

辣雞三明治

淋上濃稠肉汁醬的三明治

辣雞三明治是加拿大東部魁北克地區非常受歡迎的在地美食，基本上出了魁北克就幾乎不見蹤影，所以在美國幾乎沒什麼人知道。但知名度一點也不重要，重要的是當地人有多愛它。這款三明治在當地經常暱稱為「Hot Chicken」，配料一定有青豆。製作時，先將雞肉三明治擺上盤子，撒上青豆，最後還要淋上大量溫熱的肉汁醬才會端上桌。想要做出美味的肉汁醬，建議使用帶皮雞腿肉。

材料（2 人份） Recipe

【麵包】吐司或全麥麵包：4 片【三明治內餡】水煮雞肉：300g【醬料】奶油：2 大匙／麵粉：1～2 大匙／煮雞肉剩下的湯或雞肉清湯：200ml／紅椒粉：1 大匙／伍斯特醬、黃芥末醬、辣椒粉：各 1 小匙／番茄醬：1 大匙／鹽和胡椒：適量【炒料】青豆：1 杯／洋蔥末：1/2 顆份／蒜末：2 瓣　●炒料完成後直接盛在麵包上，再淋上肉汁醬

Memo

如果自己煮雞肉，就不需要另外準備雞肉清湯，可以用煮雞肉的湯製作肉汁醬。

Montreal Style Smoked Meat Sandwich

蒙特婁風煙燻牛肉三明治

愛吃肉的人，吃到這款三明治會幸福的

這款遠近馳名的牛肉三明治，吸引了不少人專程前來蒙特婁一嘗滋味。蒙特婁風煙燻牛肉聽起來好像很特別，但基本上就是一種調味方式不同的粗鹽醃牛肉──當地人可能會嚴正反駁就是了。這款三明治的作法是先拿猶太黑麥麵包抹上芥末醬，再夾起大量的蒙特婁風煙燻牛肉。

材料（1人份） **Recipe**

【麵包】猶太黑麥麵包：2片【餡料】粗鹽醃牛肉（p.16、p146）：200g以上【醬料】第戎芥末醬：2大匙

Salmon Bannock Sandwich

鮭魚班諾克三明治

班諾克（bannock）是一種源自蘇格蘭的麵包，後來傳入美洲，目前最有力的說法是經由蘇格蘭毛皮商傳入新大陸。當時美洲原住民因為貿易關係而與蘇格蘭人頻繁接觸，不難想像班諾克在美洲原住民的生活中逐漸普及的情況。而這裡介紹的三明治，就是用班諾克結合了美洲原住民最重要的食物之一：鮭魚。

材料（4 人份）　【麵包】班諾克：4 個 *1【餡料】煎鮭魚：4 塊 *2／蘿蔓萵苣：4 片／紫洋蔥圈、番茄片：適量【醬料】蒜香美乃滋（p.295）：4～8 大匙

*1 麵粉：1 杯／無鹽奶油：1/4 杯／泡打粉：2 小匙／優格、切達起司絲：各 1/2 杯／蝦夷蔥末：1/4 杯／鹽：1/2 小匙／水：1/4 杯 *2 鮭魚片：4 片／新鮮蒔蘿（剁碎）：2 大匙／蒜末：1 大匙／鹽和胡椒：適量

Peameal Bacon Sandwich

皮美爾培根三明治

皮美爾培根以加拿大培根之名享譽國際，類似英國、愛爾蘭的豬背培根，不過完全沒有脂肪，比起培根，感覺更像火腿。無論如何，皮美爾培根比肥膩的美國培根健康多了。而這款三明治還會再搭配番茄、生菜等蔬菜。

材料（1 人份）　【麵包】小圓法國麵包：1 個【餡料】皮美爾培根（加拿大培根）：3 片／切達起司：1 片／番茄片：2 片／生菜：2 片【醬料】美乃滋：1 大匙

The World's Sandwiches

Chapter 6

拉丁美洲

墨西哥／波多黎各／古巴／海地／多明尼加
牙買加／瓜地馬拉／貝里斯／宏都拉斯／薩爾瓦多
哥斯大黎加／巴拿馬／巴西／千里達及托巴哥／委內瑞拉
厄瓜多／哥倫比亞／秘魯／玻利維亞／巴拉圭
烏拉圭／阿根廷／智利

Tacos de Pollo

雞肉塔可餅

以名聞遐邇的墨西哥薄餅製成的經典墨西哥三明治

塔可餅是墨西哥最出名的美食，這種半圓形三明治是用玉米粉（maize）製成的小巧軟薄餅，夾起肉、蔬菜和辛辣的莎莎醬。用來製作墨西哥薄餅的玉米粉種類有白、黃、藍（黑）三種顏色。塔可餅的餡料多元，除了本頁介紹的雞肉，較具代表性的還有類似希臘 Gyro 的旋轉烤肉（tacos al pastor）、蝦子（tacos de camarón）、烤肉與煙燻紅椒香腸（tacos de carne asada）、炸魚排（tacos de pescado）等等。

材料（5 人份） Recipe

【麵包】墨西哥玉米薄餅：5 片【餡料】蔬菜炒雞肉：1～1 又 1/2 杯＊／酪梨：1 顆／喜歡的莎莎醬：適量／墨式酸奶油（crema）或酸奶油：適量／檸檬：1 顆

＊切成一口大小的雞胸肉：200g ／紅椒切片：1/2 顆／洋蔥切片：1/4 顆份／香菜（剁碎）：15g ／橄欖油：2 大匙／鹽和胡椒：適量

●將香菜以外的餡料炒熟，最後再加入香菜快速翻炒

Memo

塔可餅的配料經常包含細碎的洋蔥丁、香菜，但幾乎不會加起司。醬料則經常搭配以番茄為基底、用辣椒調味的莎莎醬。

Cemita Poblana

塞米塔漢堡

美味麵包夾著豬排
大份量的三明治

塞米塔（cemita）是一種類似法國布里歐許的麵包，用了大量奶油與蛋，滋味醇厚，上面還會撒芝麻。如果找不到這種麵包，也可以用布里歐許代替。這款三明治的主要餡料為薄薄的炸肉排。製作時，麵包先塗上墨西哥豆泥（refried beans），放上豬排，再堆上滿滿的墨西哥特產：瓦哈卡起司絲（oaxaca cheese），然後再加上酪梨。這麼驚人的份量實在塞不進日本人小小的胃。如果被它的美味誘惑而忘了它有多大一份，不小心吃多了，恐怕那天也不用再吃其他餐了。

材料（1 人份） **Recipe**

【麵包】塞米塔（p.292）：1 個【餡料】薄薄的炸肉排：1 片 *1 ／墨西哥豆泥：1 大匙 *2 ／芝麻菜：適量／酪梨切片：3 片／洋蔥切片：10 片／烤紅椒切片：4 片／香辣醋醬（adobada） 醃契波透辣椒（chipotle，一種用煙燻辣椒做成的調味料）：1 大匙／特級初榨橄欖油：1 大匙／鹽和胡椒：適量／現磨瓦哈卡起司：1/4 杯／香菜：1 大匙

*1 喜歡的肉（炸肉排用）：1 塊／鹽和胡椒：適量／麵粉：1/4 杯／雞蛋：1 顆／牛奶：1 大匙／麵包粉：1/4 杯／沙拉油（炸油）：適量　*2（4～6 人份）罐頭斑豆或黑豆：400g ／洋蔥丁：1/4 顆份／豬油或沙拉油：3 大匙／豆子罐頭的汁：2 大匙／鹽：1/2 小匙　*2（4～6 人份）罐頭斑豆或黑豆：400g ／洋蔥丁：1/4 顆份／豬油或沙拉油：3 大匙／豆子罐頭的汁：2 大匙／鹽：1/2 小匙

Torta de Aguacate Frito

炸酪梨漢堡

沒有肉，但是有炸酪梨的稀奇三明治

托塔（torta）是用玻利歐（bolillo／pan francés）製作的漢堡，玻利歐這種麵包類似法國麵包，但表皮沒有法棍那麼厚，質地也較鬆軟。一般製作托塔時會使用直徑約 15 公分的圓麵包，但這裡比較特別，用了帶芝麻、形狀接近長方形的麵包。托塔是一個總稱，裡頭的餡料千變萬化，有火腿（torta de jamon）、用香辣醋醬調味的肉（torta de jamon adobada）、炒蛋（torta de huevo）等等，而這裡用的是裹麵衣的炸酪梨。酪梨通常會拿來生吃，但調理過的味道也不錯。這款三明治雖然沒有肉，但味道相當均衡。

材料（1 人份） **Recipe**

【麵包】玻利歐或小圓法國麵包：1 個
【餡料】炸酪梨：4 片＊／哈拉佩尼奧辣椒切片：1/2 根（烤過、去皮、去籽）／墨西哥豆泥（p.193）：1/4 杯／醋醃紫洋蔥片：1/4 顆份／紫高麗菜絲：1/2 杯／香菜：適量
＊酪梨的醃料：1/2 杯（水：1/4 杯＋麵粉：1/4 杯＋鹽：適量）／酪梨切片：4 片／麵包粉：1/2 杯／沙拉油（炸油）：適量

Memo

墨西哥豆泥可以用斑豆或黑豆製作。紫高麗菜如果生吃覺得太硬，可以氽燙一下。洋蔥也可以用同樣的方法調整口感。

Pelona

培羅娜

展現冰火五重天魅力的三明治

培羅娜是一種油炸麵包，但製作起來並不費時，只需炸到外表油亮、內部溫熱即可。很多一般家庭也會用烤箱烤，或塗上奶油之後用平底鍋煎一下。餡料通常會使用經典墨西哥食材，其中不乏墨西哥豆泥、番茄莎莎醬，當然也少不了肉。墨西哥豆泥的作法是將豆子與洋蔥一起燉煮過後，用叉子或任何工具壓成泥。很多人會用一般的酸奶油代替墨式酸奶油，但講究一點的人請務必使用墨式酸奶油。豆子、番茄、辣椒和酸奶油交融在一塊，這正是道地的墨西哥滋味。

材料（1 人份） **Recipe**

【麵包】培羅娜、玻利歐或小圓法國麵包：1 個【餡料】墨西哥豆泥（p.193）：2 大匙／牛肉或豬肉（烤好後撕成小塊）：150g ／生菜絲：1/2 杯【醬料】紅莎莎醬（p.296）：2 大匙／墨式酸奶油或酸奶油：1 大匙

Memo

肉可以用烤箱或烤網處理，想要簡單一點的話，直接將生肉切片用煎的也行。

Guajolota ‖ 瓜霍洛塔

材料（1 人份）　【麵包】玻利歐或小圓法國麵包：1 條【內餡】玉米粽：1 個 *
【醬料】番茄：500g ／辣椒末：5 條份／玉米澱粉：1 大匙　●番茄煮熟後用玉米澱粉勾芡
*（15 個份）肉塊（種類不拘）：750g ／月桂葉：2 片／洋蔥：1/2 顆／蒜頭：2 瓣／水：適量　●將所有食材放入鍋中煮熟

玉米粽不僅是拉丁美洲的人氣美食，在北美洲也很受歡迎（在美國又稱作 tamale）。這種食物是用玉米麵粉（masa）製作，裡頭包蔬菜、肉、起司或水果、辣椒，外面則用玉米皮或香蕉葉包起來後蒸熟。瓜霍洛塔的作法很簡單，只需用玻利歐或法國麵包夾起玉米粽，又稱玉米粽托塔（tamal torta），是墨西哥市非常普遍的三明治。

Las Clásicas Quesadillas

‖ 辣醬起司酥餅

材料（6 人份）　【麵包】玉米薄餅：6 片【餡料】瓦哈卡或曼徹格（manchego）起司絲：150g【醬料】喜歡的莎莎醬：1/2 杯

美國人愛吃的墨西哥食物包含塔可餅、捲餅和這款起司酥餅（quesadillas）。美國的墨西哥起司酥餅通常又包肉、又包菜，但原汁原味的墨西哥起司酥餅相當單純，基本上只會夾起司。作法是將玉米薄餅放在烤盤上，撒上起司絲，乾煎。等起司融化後再將玉米薄餅對摺就完成了。

Pambazo ‖ 潘巴佐

潘巴佐由三部分組成：煙燻紅椒香腸（chorizo）炒水煮馬鈴薯、綠番茄與塞拉諾辣椒製作的青醬，以及由乾燥瓜希柳辣椒（guajillo chili）和大蒜製作的蘸醬。作法是將麵包泡過蘸醬後拿去炸，所以麵包會呈現鮮紅色。內餡則包含馬鈴薯炒料、高麗菜、起司和綠莎莎醬。辣味與各種風味交纏在一起，美味得超乎想像。

材料（4 人份）　【麵包】玻利歐或小圓法國麵包：4 個【麵包外層醬料的材料】乾燥瓜希柳辣椒（一種不太辣的辣椒乾）：10 顆／蒜頭：3 瓣／熱水：適量　●材料泡熱水 15 分鐘，然後用果汁機打成糊【內餡（炒料）】洋蔥切片：1/2 顆份／煙燻紅椒香腸或葡萄牙煙燻香腸（切片）：250g ／馬鈴薯泥：4 顆份／鹽和胡椒：適量【其他餡料】烤麵包用的沙拉油：適量／綠莎莎醬（p.295）：半杯／高麗菜絲：1 杯／酸奶油：4 大匙／帕內拉（panela）起司絲：8 大匙

Molletes ‖ 開放式三明治

這款開放式三明治好比義大利普切塔的遠親，不過用的不是新鮮番茄沙拉，而是用番茄和塞拉諾辣椒（一種墨西哥的辣椒）製成的莎莎醬。主要餡料是墨西哥豆泥，通常是以斑豆製作。然後還會再加上起司絲和火腿，將起司烤到融化後再舀上大量的莎莎醬。溫熱麵包與冰涼莎莎醬的衝突感，正是這款三明治的魅力所在。

材料（2 人份）　【麵包】玻利歐或小圓法國麵包：2 個【餡料】奶油：2 大匙／墨西哥豆泥（p.193）：1 杯／曼徹格、蒙特里傑克（monterey jack）或切達起司絲：1 杯／火腿：4 片【醬料】喜歡的莎莎醬：1 杯

Chanclas ‖ 辣肉醬漢堡

材料（1人份）　【麵包】玻利歐或小圓法國麵包：1個【餡料】炒肉末：100g*1／酪梨切片：5片／生菜：1片／紫洋蔥圈：4片【醬料】番茄醬汁：1杯*2

*1 牛絞肉：50g／煙燻紅椒香腸的內餡：50g　*2 乾燥瓜希柳辣椒：1個／番茄：2顆／洋蔥：1/4顆／蒜頭：1瓣／孜然粉：1小匙／鹽和胡椒：適量　●將材料煮熟後用果汁機打成醬汁

潘巴佐的麵包是因為浸泡過醬汁所以呈現紅色，而這款漢堡則是直接將醬汁淋在麵包上，所以看起來也紅通通的。雖然兩者的醬汁顏色相同，材料卻不同，辣肉醬漢堡的醬汁不只有紅辣椒，還加了番茄，因此顏色更鮮豔。此外，內餡也與潘巴佐完全不同，有牛肉、煙燻紅椒香腸和酪梨。辣肉醬漢堡雖然吃起來有點麻煩，但味道和潘巴佐不分軒輊。

Burrito de Carne ‖ 辣肉醬捲餅

材料（2人份）　【麵包】墨西哥麵粉薄餅：2片【餡料】洋蔥炒肉：1/2杯*／墨西哥豆泥（p.193）：2大匙／起司絲：2大匙／番茄丁：1/4顆份／生菜：1片

* 牛絞肉：100g／洋蔥末：2大匙／橄欖油：1大匙／鹽：適量

墨西哥當地的捲餅與起司酥餅的情況一樣，都比美式作法單純。墨西哥捲餅源自墨西哥北部的美墨邊境，餅皮不同於塔可餅和起司酥餅，是用麵粉做的薄餅。本頁食譜的材料包含牛肉，但通常只會用墨西哥豆泥和起司。Burrito的原意是小毛驢，據說是因為它看起來像驢子身上揹的睡袋而得名。

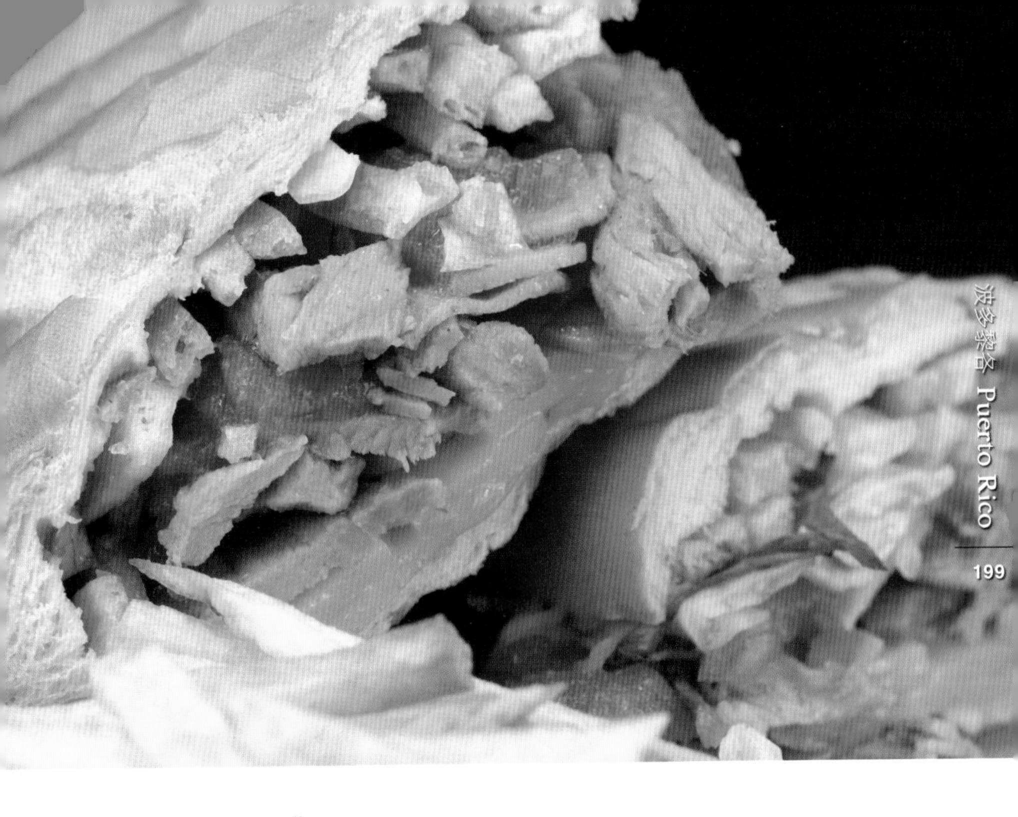

Tripleta ‖ 三重肉餡三明治

夾了 3 種肉和細薯條的特色三明治

波多黎各是街頭小吃天堂，其首都聖胡安郊區的港口廣場（Plazoleta del Puerto）就有許多餐車和小吃攤販；盧基約（Luquillo）的盧基約涼亭街（Luquillo Kiosks）也有多達 60 座攤位，其中絕對不能錯過的小吃就是這款三重肉餡三明治。Tripleta 一詞演變自 Triple（三重），而這款三明治正包含了三種肉餡：切碎的牛排、烤豬（pernil）、火腿或葡萄牙煙燻香腸。除此之外還加了薯條，份量十分可觀。麵包部分則是使用當地一種稱作水麵包（pan de agua）的軟麵包，夾好內餡後再用烤盤加壓煎烤。

材料（1 人份） Recipe

【麵包】水麵包或小圓法國麵包或潛艇堡麵包：1 個【餡料】牛排（剁碎）：50g／烤豬（剁碎）：50g*／葡萄牙煙燻香腸（剁碎）：50g／瑞士起司：2 片／生菜：1 片／番茄片：3 片／炸薯條：1/2 杯【醬料】美乃滋：1 大匙／番茄醬、黃芥末醬：各 1 小匙

*（10 人份）豬肩胛肉：1000g／蒜末：3 瓣份／乾奧勒岡：1 小匙／胡椒：1/2 小匙／橄欖油：1 大匙／白酒醋：2 小匙／鹽：2 小匙

Memo

雖然不是非得熱壓煎烤，但這麼做的確會美味好幾倍。這裡用的薯條比一般的薯條更細、更脆。

Mallorca ‖ 馬略卡

夾著火腿的甜麵包三明治

馬略卡（mallorca）是一種加了奶油、雞蛋、砂糖，滋味濃郁的漩渦狀圓麵包，算是一種甜麵包。光看名稱，就知道它源自地中海的馬略卡島，不過在島上是稱作恩賽馬達（ensaymada）。馬略卡其實不需要夾任何內餡，只要撒上糖粉就很好吃，不過波多黎各人會用來夾各種食材，主要是火腿、蛋、起司。這種甜麵包與火腿、起司等鹹食的組合令人意想不到，而且外面還撒了糖粉；不過它沒有甜甜圈那麼甜，其他材料風味也算溫和，所以即使甜鹹滋味碰撞，仍能感受到彼此美妙的融合。

材料（2 人份） Recipe

【麵包】馬略卡（p.293）：2 個【餡料】奶油：2 大匙／火腿片：120g ／切達起司：4 片／荷包蛋：2 個／糖粉：1 小匙

Memo

麵包夾起餡料後，用帕尼尼機或熱壓烤盤，烤好後撒上糖粉。馬略卡含蛋又含糖，所以烤的時候要小心燒焦。如果沒有馬略卡，也可以用帶甜味的麵包製作這款美味的三明治。

Pan con Lechon Asado ‖ 烤豬三明治

烤豬大概是波多黎各最受歡迎的食物了。其實不只波多黎各，拉丁美洲各地都吃得到烤豬。而這款三明治的作法就是用馬略卡夾起烤豬（在波多黎各稱作pernil），別名「sandwich de pernil」。肉上面還鋪了滿滿香菜、滋味清爽的柑橘風味莫霍醬。

材料（1人份） 【麵包】馬略卡（p.293）：1個【餡料】瑞士起司：20g／烤豬（p.199）：1/2杯／醃黃瓜切片：6片【醬料】黃芥末醬：1小匙／莫霍醬（p.297）：2大匙

Jíbaro ‖ 大蕉三明治

大蕉三明治（jíbaro／hibarito）是將壓扁的大蕉（plantain）油炸過後代替麵包做成的三明治。波多黎各西岸的阿瓜達（Aguada）有一家名為「Plátano Loco」的餐廳，就是以各種古怪的大蕉料理聞名，店裡也有供應大蕉做的三明治。不過據說這種三明治其實是芝加哥的波多黎各人自創的東西。

材料（2人份） 【麵包】炸大蕉片（tostones）：4片【餡料】煎牛肉薄片（醃過）：200g*／生菜：1片／番茄片：4片／起司片：1片【醬料】美乃滋：1小匙

*（醃料）橄欖油：1大匙／白酒醋：1大匙／紫洋蔥切片：1/2顆份／大蒜粉、鹽、黑胡椒：適量

Elena Ruz

愛蓮娜魯茲

取自真實女性芳名，勾起鄉愁的三明治

1920年代，一位名叫愛蓮娜・魯茲・瓦爾德斯－法烏里（Elena Ruz Valdés-Fauli）的女性經常光顧哈瓦那某家餐廳，她常常點一款菜單上沒有的三明治：在古巴甜麵包上塗抹奶油乳酪和草莓果醬，再放上烤火雞肉。她每次點這款三明治都得重新說明作法，久而久之，這款三明治也正式登上菜單，並以她的名字命名。如今，愛蓮娜魯茲成了古巴代表性的三明治之一。火雞肉有一種比雞肉更強烈的獨特風味，但還是偏淡雅，經常會拿來搭配果醬和水果等甜食。

材料（1人份） Recipe

【麵包】烤吐司：2片【餡料】烤火雞肉片：100g／奶油乳酪：1大匙／喜歡的果醬：1大匙

Memo

可以先將麵包其中一面烤過再夾內餡。如果希望內餡熱一些，也可以夾好後再用烤麵包機或帕尼尼機等工具加熱。至於果醬的部分，草莓果醬最受歡迎，但也可以選擇其他自己喜歡的口味。

Frita

古巴漢堡

是漢堡（frita）不是炸物（fritter）！

這是古巴版的漢堡。本譜的漢堡排雖然是用純牛絞肉製作，但有些食譜也會混合煙燻紅椒香腸，增添辛香風味。麵包部分用的是古巴麵包，但形狀比較類似漢堡包，而非常見的長條形。醬料雖然叫做千島醬，但也跟一般的千島醬不太一樣，少了美乃滋，多了紅椒粉。古巴漢堡最大的特色就是上面放了炸薯絲（shoestring potato），那酥酥脆脆的口感也相當吸引人。很多人還會再加一顆荷包蛋，而加蛋的版本又稱作卡拜悠（caballo）。

材料（4 人份） **Recipe**

【麵包】古巴漢堡包：4 個【餡料】牛肉漢堡排：4 片（p.167）／紫洋蔥末：1 小匙／生菜（剁碎）：1 杯／炸薯絲：1 杯【醬料】千島醬、番茄醬：各 1 大匙

Memo

炸薯絲的作法是將馬鈴薯切成細絲狀，再以高溫油炸。

Pan de Medianoche ‖ 午夜三明治

材料（1 人份）　【麵包】古巴甜麵包（p.293）：1 個【餡料】奶油：1 大匙／火腿：4 片／烤豬切片：4 片／瑞士起司：2 片／醃黃瓜切片：1/2 條份【醬料】美乃滋、黃芥末醬：各 1 大匙　●麵包夾好餡料後，用帕尼尼機或熱壓烤盤煎烤

古巴最有名的三明治，莫過於這款經常簡稱為午夜（medianoche）的午夜三明治。而美國人口中的古巴三明治（cuban sandwich／cubano）則是由古巴移民發明的東西，兩者非常相似，不過用的麵包不一樣，古巴當地會用帶甜味的「古巴甜麵包」。雖然很難確定哪一個三明治比較早出現，但我很難想像這會是古巴移民帶回祖國的東西。

Pan con Timba ‖ 枕木三明治

材料（1 人份）　【麵包】古巴甜麵包（p.293）：1 個【餡料】奶油乳酪：2 大匙／芭樂膏切片：5 片　●麵包夾好餡料後，用帕尼尼機或熱壓烤盤煎烤

英國人於 1874 年來到古巴鋪設鐵路，當時在地工人午餐都會吃一種加了大量芭樂膏、酸酸甜甜的三明治。芭樂膏含黑糖，顏色暗沉，看在英國人眼裡有如鐵軌的枕木，於是英國人就對古巴工人說：「這看起來好像麵包裡放了根枕木（timba）。」其名稱就是由此而來。

Haitian Egg Sandwich ‖ 海地雞蛋三明治

世界各地都有煎蛋三明治，但我認為海地雞蛋三明治的味道絕對是極品。雖然食譜寫的是煎蛋，但感覺更接近加了青椒和洋蔥的炒蛋，而且還加了一些辛香料，所以吃的時候舌頭會感覺到些許辛辣感。比較特別的是，裡面還加了切碎的煙燻鯡魚。鯡魚要先過個水去除鹽分，但不至於完全去除；這種鹹味也是其魅力所在。

材料（1人份） 【麵包】潛艇堡麵包或小圓法國麵包：1個【餡料】煎蛋：1份＊【醬料】番茄糊：1大匙

＊雞蛋：3顆／水：1小匙／洋蔥、青椒切片：各1大匙／煙燻鯡魚（剁碎）：1大匙／火腿丁：1大匙／乾燥蝦夷蔥、卡宴辣椒粉、肉豆蔻粉、乾燥巴西里、鹽、胡椒：各少許／橄欖油：1大匙

Haitian Steak Sandwich ‖ 海地牛排三明治

牛排三明治聽起來隨處可見，任誰只要一聽到，腦袋馬上就會浮現麵包夾著牛排切片和蔬菜的模樣。但萬萬沒想到，海地的牛排三明治裡竟然沒有牛排，小圓法國麵包裡夾的是一種較紮實的肉醬。即使拿叉子翻找肉醬裡頭也是白費力氣，沒有的東西怎麼找也找不到，但這才是海地牛排三明治。

材料（2人份） 【麵麵包】小圓法國麵包：1個【餡料】肉醬：1/2～2/3杯＊／起司片：2～3片

＊牛絞肉：200g／洋蔥切片：1/2顆份／蒜末：1瓣份／辣椒粉：1/2小匙／番茄醬汁：1/4杯／鹽和胡椒：適量／沙拉油：1小匙 ●炒肉，煮至水分幾乎收乾

Sàndwich de Pierna de Cerdo

豬腳三明治

家家戶戶必備一台三明治熱壓烤盤

Pierna de cerdo 是豬腳的意思，換句話說，這款三明治的餡料原本是豬腳，但因為里肌或肩胛肉比較容易取得，所以我才調整了食譜。烤肉時的調味關鍵，在於使用多明尼加調味料調出多明尼加的特色風味。這種調味料的基底包含巴西里、百里香、香菜、奧勒岡等新鮮香草，抹上肉後冷藏一晚，之後再送進烤箱。接著將烤好的豬肉和其他餡料塞進麵包，用熱壓烤盤壓扁、煎烤麵包，讓哈瓦蒂起司融化，同時增添麵包香氣，三明治會更加美味。

材料（3～4人份） Recipe

【麵包】小圓法國麵包或法棍：3～4個【餡料】烤豬肉（醃過的里肌肉或肩胛肉）：450g*／哈瓦蒂起司絲：2大匙／香菜（剁碎）：1/2杯／番茄片：8片／生菜（剁碎）：1杯

*（醃料）新鮮奧勒岡：2大匙／多明尼加調味料（p.297）：3大匙／鹽和胡椒：適量／橄欖油：3大匙／新鮮迷迭香：1大匙／羅勒葉：4片／紅酒：5大匙／蔬菜高湯塊：1/2個／沙拉油：1大匙

Chimichurri Burger

阿根廷青醬漢堡

美味秘密在於加了辛香辣椒的漢堡排

阿根廷青醬是個有趣的東西，其原名「chimichurri」聽起來也挺可愛的。這種青醬源自阿根廷，據傳 chimichurri 是西法邊境巴斯克地區的巴斯克語，意思是將幾種材料隨意加在一起混合而成的東西，不過真相不詳。多明尼加的漢堡用的卻是阿根廷青醬，似乎有些匪夷所思，但其來有自。眾所皆知，最早是一位在多明尼加賣三明治的阿根廷廚師推出了這種組合。這款漢堡混合了辣醬，獨特的滋味與其他漢堡根本是不同的境界。

材料（2 人份） **Recipe**

【麵包】漢堡包：2 個【餡料】加了辣醬的漢堡排：2 個 * ／番茄片：4 片／紫洋蔥圈：4～6 片／高麗菜絲：1/4 杯【醬汁（混合）】美乃滋、番茄醬：各 1 大匙／柳橙汁：2 小匙
* 洋蔥末：1/4 顆份／辣椒粉：1 小匙／蒜末：1 小匙／鹽和胡椒：適量　●先將這些材料用果汁機打成糊，再與「牛絞肉：200g ／伍斯特醬：少許」混合，煎熟

Jamaican Jerk Chicken Sandwich

牙買加煙燻雞肉三明治

甜味與辣味交融，風味獨特的迷人三明治

Jerk 是一種使用牙買加煙燻香料的烹飪方式。牙買加煙燻香料是以多香果和辣椒為主的辛辣綜合香料，乾的會直接抹在肉或魚的表面，濕的則用來當醃料。這種調味料用了辣度很高的蘇格蘭圓帽辣椒（scotch bonnet pepper），但也可以根據個人喜好換成其他辣椒。據說這種調味料原本是由西非的奴隸帶進牙買加，後來與當地文化接觸後慢慢演變成今天的樣子。牙買加煙燻雞肉辛辣之餘，也淋上了甜甜的芒果莎莎醬，營造出獨特的風味。

材料（4 人份） **Recipe**

【麵包】洋蔥餐包（onion roll）或漢堡包：4個【餡料】牙買加煙燻雞肉：4 塊＊／生菜：4 片【醬料】美乃滋：2 大匙／優格：2 大匙／芒果莎莎醬（p.297）：2 大匙
＊雞腿肉：4 片／牙買加煙燻香料（p.296）：1 小匙　●將調味料抹在肉上，然後拿去烤

Memo

雖然三明治跟炸薯條或洋芋片的組合很常見，不過拉丁美洲的三明治更適合搭配炸薯絲。

Jamaican Tuna Sandwich

牙買加鮪魚三明治

從魚排開始製作的鮪魚沙拉好吃極了

牙買加風格的鮪魚沙拉不落俗套。第一個特徵，就像前面介紹過的牙買加烤雞一樣，這裡的鮪魚沙拉也加了辛辣的香料，因而稱作牙買加煙燻鮪魚（jerk tuna）。另一個特徵是沙拉的作法，一般的鮪魚沙拉是用鮪魚罐頭跟切碎的西洋芹、洋蔥等食材拌一拌，再用美乃滋或醋調味。但牙買加不用罐頭鮪魚，而是將鮪魚（黑鮪魚）的魚排烤熟後撕成魚鬆，再做成沙拉，這樣鮪魚本身也能調味。不過油漬鮪魚罐頭也有自己的風味，也不是說哪一種比較好，但偶爾換換感覺，從魚排開始做鮪魚沙拉也相當不賴。

材料（1人份） **Recipe**

【麵包】吐司或全麥麵包：2片【餡料】牙買加煙燻鮪魚：3～4大匙*／生菜：1片／番茄片：2片【醬料】美乃滋：1大匙／番茄醬：1小匙（依個人喜好）

*生鮪魚：50g／檸檬汁：1小匙／牙買加煙燻香料（p.296）：1/2小匙／蒜末：1瓣份／洋蔥末：1大匙　●生鮪魚抹上檸檬汁、香料和蒜末，烤熟後撕成魚鬆，再與洋蔥拌在一起

Memo

鮪魚肉容易硬，小心別烤過頭。也可以考慮切成薄片縮短調理時間。

Jamaican Patty in Coco Bread

肉餡派椰香麵包

糕餅配麵包，同類材料的有趣組合

這款三明治堪稱世上絕無僅有、獨一無二，是用麵包夾肉餡派，意思就是結合了糕餅（派）與麵包兩種類型相似的食物。這麼說好了，如果將大阪燒夾在麵包裡，你會怎麼想？其實概念差不多就是這樣，但真的吃到，會發現它與想像中的完全不一樣。坦白說，味道還不錯。椰香麵包加了椰漿，味道甘甜，口感則有如中式饅頭。用牛肉製作的肉餡派經常會單獨出現在餐桌上，美國超市也很容易買到冷凍的牙買加肉餅。

材料（1 人份） **Recipe**

【麵包】椰香麵包：1 個 *[1] ／牙買加肉餅：1 個 *[2]【派皮】起酥油：50g ／麵粉：2/3 杯／鹽：少許／冷水：25ml　●用派皮包住牙買加肉餅，放入烤箱烤

*[1]（10 個份）麵粉：3 杯／乾酵母：2 小匙／砂糖：1 小匙／椰漿：1 杯／雞蛋：1 顆／無鹽奶油：1/2 杯

*[2]（6 個份）絞肉（種類不拘）：200g ／青蔥末：1 大匙／辣椒粗片：1 小匙／百里香、紅椒粉、鹽：少許　●所有材料下鍋，不加油，炒熟後再與 1/4 杯麵包粉混合

Shuco ‖ 舒可

材料（各 1 人份）　【麵包】小圓法國麵包或潛艇堡麵包：1 個【餡料 A】炒過的煙燻紅椒香腸或香辣豬肉腸切片：4 片【餡料 B】火腿、炒過的培根片：各 1 片／義式臘腸：2 ～ 3 片【AB 的其他配料】洋蔥切片：1/4 顆份／水煮高麗菜絲：1/4 杯【醬料】酪梨醬（p.295）：1 大匙／黃芥末醬：1 大匙／美乃滋：1 大匙／辣醬：適量（依個人喜好）

瓜地馬拉首都第 4 區每年都會舉辦舒可節（Festival Del Shuco），其中最主要的活動是速吃舒可（鮮蔬熱狗堡）比賽。有的甚至光麵包就超過 30cm，裡面還夾著整條的煙燻紅椒香腸、香辣豬肉腸（longaniza）、法蘭克福香腸，還有培根、煙燻牛肉等等各種肉類，還會加上水煮高麗菜、酪梨醬。而這裡介紹的就是那種巨大熱狗堡的迷你版本。

Pirujos ‖ 皮魯荷斯

材料（3 ～ 5 人份）　【麵包】皮魯荷斯：3 ～ 5 個【餡料】裹粉油炸的甜椒鑲肉：10 個＊／生菜、洋蔥切片：適量

＊（鑲肉的材料）豬絞肉：450g／紅蘿蔔（切小塊）：150g／馬鈴薯（切小塊）：150g／洋蔥末：1 顆份／蒜末：1 瓣份／新鮮百里香：1 截／月桂葉：1 片／酸豆：1 小匙／白酒醋：2 大匙／雞肉清湯：1/4 杯／鹽和胡椒：適量

皮魯荷斯和舒可並列為瓜地馬拉的兩大三明治，其名稱取自一種模樣類似的同名法國麵包。經典的餡料包含肉、蔬菜，以及瓜地馬拉酪梨醬。這裡介紹的內餡不只是單純的肉排，而是甜椒鑲肉（pan con chile relleno）。日本也很多人愛吃青椒鑲肉，不過瓜地馬拉當地會用一種名為「pimiento」的紅甜椒，並且裹上麵包粉油炸。

Garnaches ‖ 黑豆泥玉米脆餅

貝里斯沒有日本或美國那種大型漢堡連鎖店，因此有更多機會發掘在地美食。貝里斯當地最常見的速食，就是這款黑豆泥玉米脆餅。作法是在酥脆的炸玉米薄餅上鋪滿黑豆泥、蔬菜絲，以及刨成絲的阿希亞格乾酪（asiago）。另外，千萬別忘了用哈瓦那辣椒（habanero）與洋蔥末醃醋製成的庫蒂多酸菜（curtido）。

材料（1 人份）　【麵包】炸玉米薄餅：1 片【餡料】水煮黑豆（搗成泥）：2 大匙／高麗菜絲：1/2 杯／紅蘿蔔絲：1 根份／庫蒂多酸菜：2 又 1/2 大匙 *／阿希亞格乾酪：1 大匙／香菜：2 大匙

* 哈瓦那辣椒（剁碎）：1 小匙／洋蔥末：1 大匙／白酒醋：1 大匙／鹽：適量

Johnny Cakes ‖ 強尼蛋糕

強尼蛋糕是貝里斯不可或缺的麵包，據說超過 70％的貝里斯人早餐都會吃這個。聽說這原本是原住民的食物，而以前還沒有泡打粉，所以理論上食譜應該比現代更單純一些。強尼蛋糕類似較扁的司康，具有吸引人的椰漿香氣。吃的時候通常會抹奶油、果醬，或夾火腿與起司。

材料（1 人份）　【麵包】強尼蛋糕：1 個 *／奶油：1 大匙／墨西哥豆泥（p.193）：2 大匙／炒蛋：1 顆份／火腿：1 ～ 2 片

*（6 ～ 8 個份）麵粉：450g／無鹽奶油：1/2 杯／泡打粉：3 小匙／砂糖、鹽：各 1 小匙／椰漿：2 杯●將所有材料混合成麵團，分成 6 ～ 8 等份，搓成圓形，用 200° C 的烤箱烤 20 分鐘

Baleadas ‖ 巴雷亞達斯

這種食物就好比墨西哥捲餅，作法一樣是用薄餅夾起或捲起各種配料。宏都拉斯的薄餅比墨西哥厚，而且是用麵粉製作；至於配料一定要有宏都拉斯的硬質起司（queso duro）。Queso duro 這個詞本身的意思就是硬質起司，所以帕馬森起司等其他硬質起司也可以用這個稱呼。在宏都拉斯，很多人早餐都會吃巴雷亞達斯。

材料（4 人份）　【麵包】麵粉薄餅（小）：4 片【餡料】墨西哥豆泥（p.193）：4 大匙／宏都拉斯的硬質起司或其他硬質起司（刨絲）：4 大匙／酪梨切片：8 片／奶油：1 大匙／炒蛋：2 顆份

Sandwich de Pollo ‖ 雞肉三明治

雞肉三明治無遠弗屆，世界各地都有自己的雞肉三明治，宏都拉斯也不例外。一般提到雞肉三明治，大家會先想到雞肉沙拉、炸雞、烤雞，不過宏都拉斯用的是料理過的雞肉絲；據說當地也會用聖誕節吃剩的烤雞製作。其特色在於醬料，是一種用雞高湯塊調味的番茄醬汁。如果用吃剩的烤雞製作，就不用再另外調味。

材料（4 人份）　【麵包】烤吐司：8 片【餡料】蔬菜炒雞肉：2 杯 *／高麗菜絲：1/2 杯／番茄片：8 片【醬料】番茄醬、黃芥末醬、美乃滋：各 1 小匙　●將所有醬料拌勻

* 西洋芹丁：1/4 杯／青椒丁：1/4 顆份／洋蔥丁：1/4 顆份／蒜末：1 瓣／番茄醬汁：1 杯／煮熟的雞肉：400g ／雞湯塊：1 個

Panes con Pavo ‖ 火雞三明治

據說墨西哥和中美洲地區在歐洲人湧入之前就有飼養食用火雞的習慣，所以這也不是什麼新食物。薩爾瓦多也有在聖誕節吃火雞的習俗，而這款火雞三明治（panes con pavo ／ pan con chumpe）也是當地人十分熟悉的食物。三明治裡面夾著低脂的火雞胸肉，還有大量的西洋菜等蔬菜，相當健康。

材料（6 人份）　【麵包】短棍或法棍（20cm）：6 個【餡料】烤火雞肉（剁碎）：300g ／洋蔥庫蒂多酸菜：1 杯 * ／西洋菜：適量【醬料】番茄醬料：1 杯（p.297）

* 洋蔥切片：1 顆份／紅酒醋：1/4 杯／水：1/4 杯／乾奧勒岡：1 小匙／月桂葉：1 片　●將洋蔥以外的材料混合後煮沸，再加入洋蔥並冷卻

Pupusas con Curtido ‖ 酸菜烤餅

普普薩（pupusas）的起源可能可以追溯到近 2000 年前。1976 年，薩爾瓦多的拉利伯塔德省（La liberta）發現一座埋在火山灰裡的遺跡，出土的文物中包含一些疑似用來製作普普薩的工具。據說伊洛潘戈火山（Ilopango）曾於西元 200 年左右爆發過一次。普普薩是一種類似玉米餅（arepa）的麵餅，有一點厚度，通常會包著起司一起烤。吃的時候會搭配大量的庫蒂多酸菜（一種用各種蔬菜製成的醋漬酸菜）。

材料（8 人份）　【麵包】普普薩：8 個 *1【餡料】庫蒂多酸菜：4 ～ 5 杯 *2

*1 玉米粉：2 杯／鹽：少許／溫水：1 又 1/2 杯／瓦哈卡起司或莫札瑞拉起司絲：1 杯／沙拉油：適量　●將玉米粉、鹽、溫水拌勻、搓揉，蓋上保鮮膜靜置 20 分鐘。將麵團分成八等份並擀成圓形，中央放上起司後將麵團封起，捏成圓餅狀。平底鍋中加入沙拉油熱鍋，將麵餅煎熟　*2 高麗菜絲：1/2 顆份／紅蘿蔔絲：1 根份／紅椒切片：1 個／洋蔥切片：1/2 顆份／蘋果醋：1/2 杯／水：1/4 杯／鹽、紅糖：各 1 小匙／乾奧勒岡：1 小匙／紅辣椒粗片：1 小匙　●將所有材料拌勻醃漬

Patacón Relleno ‖ 大蕉三明治

將大蕉切成兩半，炸成跟吐司一樣大的大蕉片

炸大蕉片（patacones ／ tostones）是拉丁美洲各國的家常菜，作法是將大蕉切成圓片，下鍋油炸數分鐘後取出，壓扁，再回炸至金黃色。這個食譜也是用炸大蕉片代替麵包，但大小跟一般的炸大蕉片完全不同。一般的大蕉片是切成小圓片，上面會放起司做成開胃小點的形式，但這個食譜的大蕉片有一片吐司那麼大。作法是將大蕉縱向剖開，炸軟後以保鮮膜包起來，拍扁、延展至吐司一般的大小，接著輕輕撕掉保鮮膜，再回炸一次。炸好後即可充當麵包，夾起肉或蔬菜，做成三明治。

材料（1 人份） **Recipe**

【麵包】炸大蕉片：2 片 *【餡料】起司片：2 片／喜歡的烤肉（剁碎）：80g ／生菜：2 片／番茄片：2 片／【醬料】綠莎莎醬（p.295）：2 大匙／番茄醬、黃芥末醬：適量／醃黃瓜切片：2 根份／辣根醬：4 大匙
* 綠色大蕉：1 根（剖半）／沙拉油（炸油）：適量／鹽、乾奧勒岡、大蒜粉：適量 ●先炸一次，取出後灑上香料，壓扁延展，然後再炸第二次

Memo

大蕉片可以用盤子等器具輔助塑形。炸好的大蕉片並不酥脆，吃的時候建議用刀叉。比較不成熟的大蕉並沒有香蕉那種甜味，口感和味道更接近馬鈴薯。

Arreglado ‖ 酥皮三明治

哥斯大黎加人愛吃糕點，除了甜點，也少不了肉餡派。酥皮三明治也是一種糕點，但不是麵團包料然後拿去烤的糕點，而是用糕餅製作的三明治，常見於當地俗稱「sodas」的小餐館和市場。作法是將鬆軟的酥皮切開，再根據客人的要求夾上肉、蔬菜、乳酪、豆子等餡料。將它想成客製化的派或許會比較好理解。

材料（1 人份）　【麵包】酥皮：1 塊【餡料】黑豆或斑豆泥：2 大匙／炒牛肉薄片：1 片／高達起司：1 片／番茄片：1 片／生菜絲：1/4 杯【醬料】喜歡的沙拉醬：1 大匙

Tacos Ticos ‖ 哥斯大黎加塔可餅

同樣叫塔可餅，哥斯大黎加的塔可餅與墨西哥的塔可餅之間找不太到共通點，頂多就是同樣使用薄餅，放上某些餡料後捲起來，就這樣。哥斯大黎加會用薄餅將餡捲成雪茄的模樣，然後下鍋油炸。一盤通常會擺 3、4 個炸好的捲餅，然後堆上汆燙高麗菜，再淋上番茄醬和美乃滋。捲餅也可以用平底鍋煎，記得不時翻面。

材料（3 人份）　【麵包】墨西哥玉米薄餅：3 片【餡料】喜歡的肉（調理過、剁碎。吃剩的也行）：1 杯／沙拉油：適量【配料】燙高麗菜絲：1 杯／鹽和胡椒（高麗菜調味用）：適量【醬料】番茄醬、美乃滋、黃芥末醬：各 3 大匙／檸檬汁：2 小匙　●薄餅包好肉之後，拿牙籤固定，再下鍋油煎

Picadillo

什錦肉末夾餅

用塔可餅夾肉醬
裡面還有南瓜
或馬鈴薯

西班牙和拉丁美洲國家的餐桌上經常出現什錦肉末（picadillo），主要是以牛絞肉和蔬菜製作，類似加了一堆蔬菜丁但不加番茄的肉醬。其他國家也有類似的食物，美國和英國通常稱為「hash」。在哥斯大黎加，什錦肉末還會冠上用料的名稱，比如馬鈴薯什錦肉末（picadillo de patatas）、南瓜什錦肉末（picadillo de ayote）。哥斯大黎加的什錦肉末一定會加甜而不辣的甜椒，除了當墨西哥薄餅的餡料，也經常拿來配飯。

材料（4 人份） **Recipe**

【麵包】塔可餅用的墨西哥薄餅：4 片
【餡料】什錦肉末：2 杯 *
* 牛絞肉：200g ／洋蔥丁：1/4 顆份／紅椒丁：1/4 顆份／西洋芹丁：1 根份／香菜（剁碎）：1 大匙／馬鈴薯丁：2 顆份／雞肉清湯：1/4 杯／奧勒岡、羅勒葉（剁碎）：2 片份／大蒜粉、孜然粉：適量／鹽和胡椒：適量　●將列在香菜之前的材料炒熟，再加入剩餘材料煮至水份收乾

Panamanian Corn Tortilla

巴拿馬玉米薄餅

包著起司的微厚玉米薄餅

墨西哥薄餅通常以麵粉或是稱作「maize」的玉米粉製成，造型又薄又扁，然而巴拿馬的薄餅與普羅大眾認知中的薄餅，在形狀與用料上稍有不同。雖然主要材料也是玉米粉，但厚度少說也和鬆餅差不多，而且裡面還有加起司，所以比起薄餅，更接近哥倫比亞和委內瑞拉的玉米餅（p.214），口感有點粗粗的。這種麵餅非常適合當作早餐或點心，而且薄餅本身就加了起司，只需再放上荷包蛋、煙燻紅椒香腸切片，即可做出一道豐盛的早餐。

材料（1人份） **Recipe**

【麵包】巴拿馬玉米薄餅：2片 *【餡料】荷包蛋：雞蛋2顆份／煎煙燻紅椒香腸切片：4～5片

*（6～8片份）水煮玉米（可用玉米罐頭）：500g／新鮮起司（queso fresco）：140g／無鹽奶油：3大匙／沙拉油、鹽：適量 ● 將玉米多餘的水份確實瀝除後打成泥，然後加入起司、奶油、鹽，捏成圓餅狀，用平底鍋煎熟

Memo

巴拿馬玉米薄餅傳統上是使用新鮮玉米製作，不過此處是用乾燥玉米；也可以用玉米罐頭代替。

Misto Quente

熱火腿起司三明治

一款精緻美味的熱火腿起司三明治

火腿起司三明治是最常見、到處都吃得到的三明治，不管是一般的三明治還是熱三明治，火腿和起司都是最普遍的組合。而這款巴西風格的熱火腿起司三明治，標準作法是將火腿和莫札瑞拉起司夾進吐司，吐司外側抹上奶油後用平底鍋煎。這款三明治有很多種變化，這裡介紹的版本比較豪華，裡面夾著奶油乳酪，上面也加上額外的起司、酸奶油和番茄醬汁。

材料（1 人份） Recipe

【麵包】吐司：2 片【餡料】奶油：1 大匙／火腿：2 片／奶油乳酪：1 大匙／莫札瑞拉起司：1 片／酸奶油：1 大匙／番茄片：2 片／乾奧勒岡：少許【醬料】番茄醬汁：1 大匙

Memo

將番茄醬（食譜份量的一半）、火腿、奶油乳酪、莫札瑞拉起司（食譜份量的一半）夾進吐司，放在抹了奶油的烤盤上。三明治上方再堆上剩下的番茄醬、酸奶油、剩下的莫札瑞拉起司和番茄，撒上奧勒岡，然後用烤箱烤到起司融化。

Bauru

巴烏魯

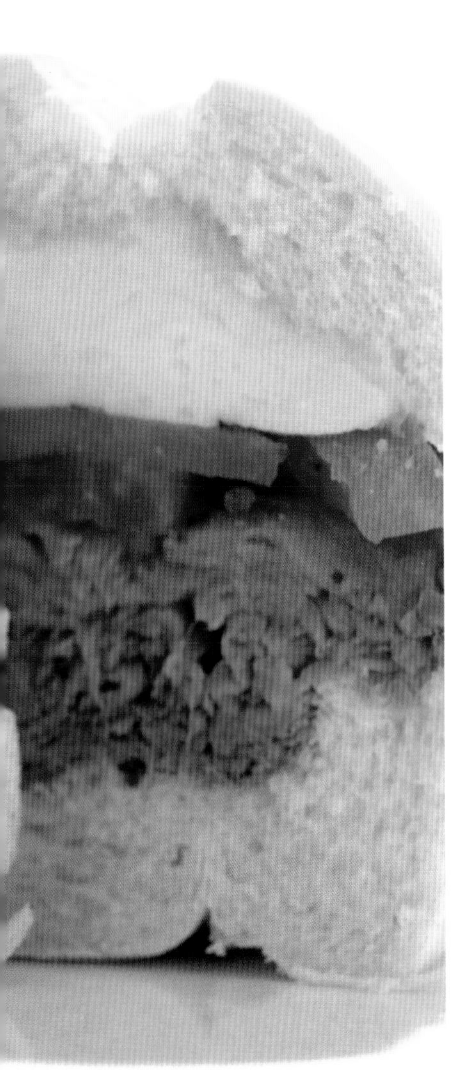

牛排三明治裡面竟然塞了超乎想像的爆量起司

這款三明治的起源要回到 1932 年，當時聖保羅的法學院有一名來自聖保羅州巴烏魯（Bauru）的學生，眾人親暱地稱之為「巴烏魯」。有一天，巴烏魯在常去的餐廳點了一份菜單上沒有的三明治，而這種三明治馬上流傳開來，成了聖保羅最受歡迎的三明治。這就是巴烏魯的由來。而這款三明治的驚人之處，在於刻意挖出麵包芯，然後填入大量用熱水熔化的莫札瑞拉起司，份量多到不可理喻的地步。只要拿起這個沉甸甸的三明治，就能感受到起司的份量。

材料（1 人份） **Recipe**

【麵包】法國麵包：1 個【餡料】熔化的起司：100g*／烤牛肉或煎牛肉（切片）：70g／醃黃瓜切片：3 片／番茄片：3 片

* 莫札瑞拉起司：100g／奶油：1 大匙／水：適量

Memo

這麼大量的起司，只是夾在麵包裡面烤也不會融化，所以必須在烤盤上準備一個方盤，裡面加入熱水和奶油，然後直接將起司放進去加熱，並拿湯匙分次舀起，填入挖空的麵包。

Mortadella Sandwich

義式肉腸三明治

深受觀光客喜愛的巨大義式肉腸三明治

聖保羅市政市場（Mercado municipal）是該市區最受歡迎的旅遊景點，裡面總是擠滿了用餐的人潮，也有不少人前來只為一嘗市場內的招牌美食——義式肉腸三明治。這款三明治是用圓酸種麵包，夾著類似波隆納香腸的義式肉腸、莫札瑞拉起司、番茄、生菜。聽起來稀鬆平常，實際上可不是這麼一回事。其尺寸莫大無比，挖空的麵包內塞了比麵包本身厚上許多的義式肉腸。

材料（1人份） **Recipe**

【麵包】小圓法國麵包：1個【餡料】煎義式肉腸：200g以上／莫札瑞拉起司：2片／生菜（剁碎）：2片／番茄片：2片【醬料】黃芥末醬：1大匙／奶油乳酪：2大匙 ●將醬料的材料混合均勻

Memo

將麵包切開，用烤盤稍微煎烤過，內側抹上醬料。烤盤旁邊的空間同時煎義式肉腸。

X-Tudo ‖ 巨無霸漢堡

雖然美國隨便一家餐廳都看得到巨無霸尺寸的漢堡，但這在巴西卻是代表性的漢堡。換句話說，會吃這種漢堡的巴西人多的是。

材料（1 人份）　【麵包】漢堡包：1 個【餡料】牛肉漢堡排（p.167）：200g 以上／莫札瑞拉起司片：1 片／生菜：1 片／玉米：1 大匙／番茄片：2 片／荷包蛋：1 個／火腿：1 片／煎培根：2 片／炸薯絲：一小堆【醬料】美乃滋、番茄醬、第戎芥末醬：各 1 大匙

Sanduíche de Carne de Sol

‖ 風乾牛肉三明治

Carne de sol 是風乾牛肉的意思，作法是牛肉撒上大量鹽巴後曝曬 2、3 日，吃之前必須稍微洗去鹽份。風乾牛肉跟魚乾一樣濃縮了食材本身的美味，而這也提升了三明治的滋味。

材料（1 人份）　【麵包】小圓法國麵包：1 個【餡料】蔬菜炒風乾牛肉：200g* ／生菜：1 片／番茄片：2 ～ 3 片

* 沙拉油：1 小匙／洋蔥切片：1/2 顆份／蒜末：1 瓣份／以清水洗去多餘鹽份的風乾牛肉片：150g ／香菜、巴西里（剁碎）：各 1 大匙／巴西軟乳酪（catupiry）：1 大匙

Tapioca ‖ 木薯煎餅

Tapioca 這個字眼對日本人來說並不陌生，不過這裡的意思不是珍珠奶茶的珍珠，而是用木薯粉製作的煎餅。

材料（各 1 人份）　【麵包】木薯煎餅：1 片 *【餡料 A】芭樂切片：4 ～ 5 片／茅屋起司：220g【餡料 B】香蕉切片：1 根份／百香果：2 顆／蜂蜜：2 大匙／肉桂粉：適量

*（4 片份）木薯粉：250g ／水：200ml ／鹽：1/2 小匙　●將材料混合後用篩網過濾，倒入預熱好的平底鍋直到麵糊佈滿鍋面，兩面都要煎

Doubles ‖ 雙子餅

材料（1 人份）　【麵包】巴拉：2 片 *1【餡料】鷹嘴豆餡：2 大匙 *2
*1（8～10片份）麵粉：2杯／咖哩粉：1小匙／孜然粉：1小匙／乾酵母：1/2 小匙／砂糖：1/4 小匙／鹽：少許／沙拉油（炸油）：適量　●將沙拉油以外的材料混合，靜置發酵至兩倍大。將麵團分成 8～10 等份，捏成圓餅狀，再下鍋油炸　*2（8 人份）水煮鷹嘴豆：400g／芫荽粉：1 小匙／孜然粉：1 大匙／沙拉油：2 大匙／洋蔥：1 顆／蒜頭：4 瓣／蝦夷蔥末：2 大匙／薑黃粉：1/2 小匙／鹽和胡椒：適量　●先炒洋蔥、大蒜，再加入其他配料煮

這種三明治的作法是將兩片名為巴拉（bara）的麵餅稍微錯開堆疊，然後放上鷹嘴豆餡（channa）。由於兩片麵包重疊，故稱作doubles。千里達和托巴哥是一座小島國家，地處委內瑞拉以北，怎麼會出現類似印度咖哩鷹嘴豆（chole）的食物？其實這一點也不奇怪，因為該國有許多印度移民，飲食文化自然也深受印度的影響。

Bake & Shark Sandwich ‖ 炸鯊魚三明治

材料（4 人份）　【麵包】炸麵包：4 片 *1【餡料】炸鯊魚排：4 片 *2／茄片、黃瓜片、生菜、涼拌高麗菜：皆適量【醬料】刺芹醬（p.296）等喜歡的醬料：適量
*1 麵粉：2 杯／泡打粉：2 小匙／鹽：適量／砂糖：1 小匙／肉桂粉：少許／無鹽奶油：1/2 大匙／温水：適量／沙拉油（炸油）：適量
●將沙拉油以外的材料混合成麵團。將麵團分成 4 等份，壓成圓餅狀後下鍋油炸　*2 鯊魚肉片：4 片／鹽和胡椒：適量／加勒比海青醬（p.295）：2 大匙／麵粉：半杯

千里達及托巴哥的海灘附近常會看到販售這款三明治的店家。Bake 是炸麵包的意思，裡面夾著酥脆的炸鯊魚排。店家通常會提供各種醬料，有黃芥末醬、番茄醬，還有辣椒醬、刺芹醬、蒜蓉醬等等，可以只加一種，也可以統統加下去，愛怎麼吃就怎麼吃。但考慮到鯊魚數量銳減的問題，也教人有些猶豫該不該吃。

Pepito de Carne

小牛三明治

三明治淋上
濃稠的酪梨蘸醬

　這款三明治源自西班牙，在西班牙稱作 pepito de ternera（小牛三明治），酒吧經常供應。而這在委內瑞拉也是一款經典的推車或攤販美食。委內瑞拉的小牛三明治和西班牙最大的差別，在於使用了委內瑞拉風的酪梨蘸醬（guasacaca）。雖然名稱叫蘸醬，但感覺起來更類似醬汁一些。酪梨蘸醬的特色是加了一種名為「Ají dulce」的甜椒。上頭放著薯條的作法也很有拉丁美洲三明治的特色。

材料（1 人份） **Recipe**

【麵包】潛艇堡麵包：1 條【餡料】炒牛肉：150g*／生菜絲：1/4 杯／番茄片：3 片／薯條：適量【醬料】酪梨蘸醬（p.295）：2 大匙／黃芥末醬、美乃滋、番茄醬：各 1 大匙

* 牛肉（剁碎）：150g／蒜末：1 小匙／伍斯特醬：1 小匙／鹽和胡椒：適量／沙拉油：1 大匙

Memo

很多攤販還可以自行挑選內餡，通常也會提供幾種不同的醬汁。

Arepas de Perico ‖ 蔬菜蛋玉米餅

委內瑞拉的玉米餅比哥倫比亞的厚上一倍，尺寸也大了一圈，大的甚至可達直徑 20cm、厚度 2cm。玉米餅與芭蕉粽（hallaca，委內瑞拉版的玉米粽）並列委內瑞拉的國民美食，幾乎天天都會吃到，可謂委內瑞拉飲食文化的根基。這裡介紹的食譜是委內瑞拉典型的早餐：蔬菜蛋玉米餅。

材料（2 人份） 【麵包】玉米餅（p.294）：2 片【餡料】煎蛋：1 顆 *
* 奶油：1 大匙／小番茄丁：3 顆／洋蔥丁和青椒丁：各 1 大匙／雞蛋：1 顆 ●煎熟後切成兩半夾進玉米餅

Plátanos Rebozados Rellenos de Queso

‖ 起司香蕉餅

這種食物源自委內瑞拉西北部的蘇利亞州（Zulia），可以簡單理解為夾了起司的炸香蕉（有裹麵衣）。拉丁美洲各地都有炸大蕉片，不過作法通常是先將大蕉直接下鍋炸一次後壓扁，然後二次回炸，比較少會像這樣裹上麵粉與雞蛋混合的麵衣再下鍋油炸。傳統上會搭配帶有些許氨味的白起司（queso blanco）或新鮮起司（p.218），但只要是新鮮起司都可以使用。

材料（2 人份） 【麵包】炸大蕉片：2 根份 *【餡料】茅屋起司或莫札瑞拉起司：200g ●大蕉片炸了一次後，夾住起司，裹上雞蛋與麵粉混合而成的麵衣，然後再炸一次

* 大蕉：2 根／雞蛋：1 顆／麵粉：2 大匙／沙拉油（炸油）：適量●先將大蕉剖半，再分切成 3、4 片薄片，然後下鍋油炸

Ceviche de Camarón ‖ 檸醃鮮蝦

材料（5 人份）　【麵包】法棍切片：10 片／炸大蕉片：20 片【餡料】檸醃鮮蝦：3～4 杯＊／番茄丁：1 顆份／紫洋蔥切片：1 顆份／蝦夷蔥、青蔥、香菜（皆剁碎）：適量

＊水煮蝦子：500g／哈拉佩尼奧辣椒（剁碎）：2 條份／紅椒丁、紫洋蔥丁：1/2～1 顆份／萊姆、柳橙、番茄綜合汁：1 又 1/2 杯／砂糖：1 大匙／辣醬：1 小匙／鹽和胡椒：適量

檸醃海鮮（ceviche）的作法是用萊姆汁或檸檬汁醃漬生海鮮，通常蝦子會先燙過再醃，魚的話則直接生醃。各式各樣的海鮮都可以做成這道菜，而在厄瓜多最受歡迎的是蝦子的版本。雖然其他國家也有同樣的食物，不過厄瓜多會在醃料中加入番茄汁。這道菜通常會拿來配炸大蕉片，舀一點到法棍切片上吃也不錯。

Sanduche de Chancho Hornado

‖ 豬腿三明治

材料（1 人份）　【麵包】法棍（20cm）：1 個【餡料】烤豬腿（醃過）：150g＊／羅曼萵苣：1 片／醋醃紫洋蔥圈：4 片／番茄片：4 片／酪梨切片：3 片／美乃滋、黃芥末醬：1 大匙（依個人喜好）／克里歐羅辣椒醬（p.295）：適量

＊（醃料）萊姆汁：1 大匙／蒜末：2 瓣份／孜然粉：1 小匙／鹽、胡椒：各 1 小匙／啤酒：1 杯／奶油：2 大匙　●用萊姆汁抹肉，然後浸泡醃料一天。取出後再抹上奶油和蒜末，用烤箱烤熟

有肉的三明治，通常搭配大量蔬菜會更好吃，尤其搭配醋醃蔬菜絲更能解膩，吃起來更清爽。不過也有很多人覺得吃有肉的三明治，就是要吃那種油脂感。而這裡介紹的豬腿三明治加了大量蔬菜，味道十分均衡。

Arepa de Queso Colombianas

哥倫比亞乳酪玉米餅

玉米餅是哥倫比亞人的日常食物，更是飲食文化的根基

玉米餅是哥倫比亞和委內瑞拉的國民食物，早期是直接用玉米製作，現在則是使用玉米粉。直至今日，兩國依舊在爭論「誰的玉米餅更好吃」。光看外觀似乎沒有什麼差別，頂多厚薄不同，但兩國可不能這麼輕易地善罷甘休。順帶一提，巴拿馬的玉米薄餅也是同類型的麵餅，表面香脆，帶有玉米的甘甜。哥倫比亞的玉米餅最大可達直徑 15cm，厚度則不及 1cm，除了搭配起司和酪梨，也可以將側邊劃開，夾起各種餡料做成三明治。

材料（2 人份） Recipe

【麵包】玉米餅（p.294）：2 片【餡料】火腿：2 片／莫札瑞拉起司：2 片

Memo

哥倫比亞的玉米餅較薄，因此不容易切片，製作時直接用兩片玉米餅也無所謂。餡料不拘，可以夾蔬菜雞肉沙拉、酪梨、香煎蝦仁、煎香腸切片等等。直接將配料放在玉米餅上，做成開放式三明治風格也不賴。

Pan con Palta

酪梨三明治

可以品嘗到酪梨原味的三明治

Palta 就是酪梨。據說酪梨原產於墨西哥，但現在其他氣候相似的地區都有種植，包括拉丁美洲、美國加州，甚至西班牙、葡萄牙也有產酪梨。其中，秘魯更是全球最大的酪梨出口國，美國即使有加州這個酪梨大產地，近年來秘魯產酪梨的進口量也急速攀升。而這款三明治，就是品嘗這項秘魯特產的最佳方式。需要的材料只有酪梨、法棍切片、檸檬汁、嫩菠菜和菲達起司，這種簡單的組合正好能充分發揮酪梨那奶油一般的甘甜。

材料（2 人份） **Recipe**

【麵包】烤過的法棍切片：2 片【餡料】酪梨切片：4 片／鹽和檸檬汁：適量／寶寶菠菜：2 片／菲達起司：1 大匙

Memo

酪梨肉容易氧化變色，切片後應立刻淋上檸檬汁。此外，菲達起司的味道比其他起司鹹，因此調味時需格外注意鹽巴用量。若以瑞可達起司或茅屋起司代替，則建議增加鹽和檸檬汁的用量。

Sandwich Triple

三重三明治

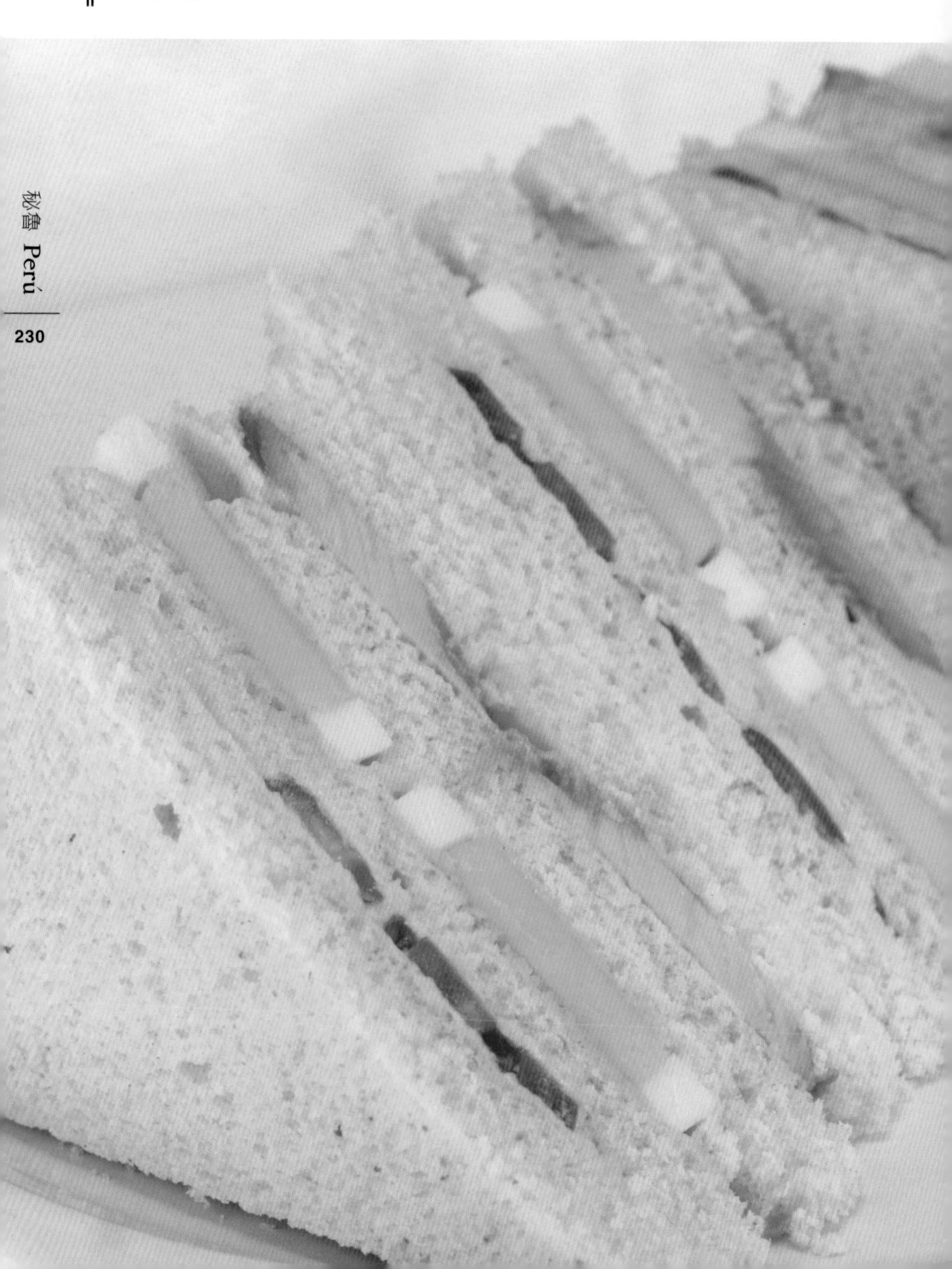

加了酪梨的
秘魯版下午茶三明治

日本也很常用到 triple 一詞，例如 triple battle（3 對 3）、triple three（註：指稱棒球中單季達成 3 成打擊率、打出 30 支全壘打、成功盜壘 30 次的打者）、triple seven（777）。而西班牙語的 triple 也是三重、三層的意思。但這款三明治似乎不是因為用了 3 片麵包才取這個名字，而是因為用了番茄、酪梨、雞蛋等 3 種餡料。如果每種食材單獨放一層，就需要 4 片麵包，但如果將某些食材放在一起，就只需要 3 片。麵包部分會用一種稱作龐多米加（pan de miga）的軟吐司，基本上可以視同法國的龐多米。這款三明治可是深受大眾喜愛的時髦點心呢。

材料（1～2 人份） **Recipe**

【麵包】吐司：3～4 片【餡料】奶油：2 小匙／酪梨切片、番茄片：各 2 片／水煮蛋切片：1 顆份／鹽和胡椒：適量【醬料】美乃滋：2 大匙

Memo

任何用切邊吐司製作的三明治——例如最具代表性的下午茶三明治——邊緣通常乾得很快，所以最好做完馬上吃。如果打算放一陣子再吃，請用保鮮膜包起來，或用塑膠容器裝起來放冰箱保存。切分時，每切完一刀，請擦去刀上的美乃滋再切下一刀。另外，酪梨和番茄應盡量切得薄一點；麵包一定要記得塗上奶油，以免吸收多餘水分。

Sandwich de Chicharron ‖ 五花豬三明治

Chicharrón 是指炸豬五花或炸豬皮，但秘魯只用五花肉。作法是先將五花肉燙熟，再用肉本身滲出的油炸至酥脆。這款三明治還加了炸地瓜。

材料（1 人份） 【麵包】法國麵包：1 個【餡料】炸豬五花切片：150g* ／柳橙風味炸地瓜：1 ～ 2 片／克里奧爾莎莎醬（p.296）：3 大匙

* 切成方塊狀的豬五花：150g ／鹽：少許／水：適量

●豬五花抹鹽，靜置一天，然後放入鍋中，加水，蓋上蓋子煮至水幾乎完全蒸發。掀蓋後再利用留在鍋中的油，將肉的表面炸出焦色

Huevos a la Rabona ‖ 煎蛋吐司

這是很經典的秘魯早餐。作法是吐司放上荷包蛋，撒上香菜、辣椒、洋蔥丁，最後再擠上檸檬汁。

材料（4 人份） 【麵包】烤吐司：4 片【餡料】醃洋蔥：1 杯 * ／荷包蛋：4 顆／香菜：適量

* 紫洋蔥丁：1/2 顆份／紅辣椒粉：1 大匙／香菜（剁碎）：2 大匙（依個人喜好）／鹽和胡椒：適量／白酒醋或萊姆汁：1 大匙

Butifarra ‖ 香腸漢堡

秘魯鄉村火腿（jamón del país）有點像是加泰隆尼亞香腸與義大利煙燻火腿混合而成的東西。如果沒有這種火腿，也可以用一般的烤火腿或烤火雞。

材料（1 人份） 【麵包】法國麵包或小圓巧巴達：1 個【餡料】生菜：1 片／火腿：3 片／醃蔬菜：1 杯 *【醬料】秘魯辣椒醬（p.296）：1 小匙

* 洋蔥、青椒切片：各 1/2 顆份／檸檬汁：1 大匙

Sanduíche de Chola

喬菈三明治

用上滿滿玻利維亞泡菜的烤豬三明治

足球是玻利維亞的國球，而喬菈三明治則是玻利維亞最受歡迎的食物。拉丁美洲各地都可以吃到烤豬三明治，不過喬菈三明治與眾不同的地方，就在於用了大量的玻利維亞泡菜（escabeche de verduras）。這種泡菜的作法是用醋醃漬紅蘿蔔、四季豆、洋蔥，裡面還加了辣度高居全球前五名的玻利維亞辣椒——洛可托辣椒（rocoto）。辣度可以根據個人口味調整，不過這種泡菜的清爽感和辛辣感，絕對是喬菈三明治的美味關鍵。當地人一般會配啤酒享用。

材料（1 人份） Recipe

【麵包】漢堡包：1 個【餡料】烤豬（剁碎）：100g ／玻利維亞泡菜：3 大匙＊／番茄片：1～2 片

＊（4 人份）紅蘿蔔絲：100g ／洋蔥切片：100g ／黃辣椒（剁碎）：100g ／水煮四季豆：100g ／白酒醋：2 大匙／鹽和胡椒：適量

Memo

蔬菜切厚一點，做好的泡菜口感會更酥脆。

Lomito Arabe

阿拉伯羅米托

結合兩種文化的三明治

羅米托（lomito）是源自阿根廷的一種三明治，在玻利維亞、智利和巴拉圭也很常見。而這款冠名阿拉伯的三明治，不會用常見的吐司或圓麵包製作。但令人好奇的是，拉丁美洲國家跟阿拉伯有什麼關係？ 1960～1970 年代，黎巴嫩才剛獨立，政治局勢不穩，因此許多人決定前來巴拉圭尋找新天地，這些移民帶來的文化便與巴拉圭原本的文化融合，形成了獨特的文化，而這款三明治正是在這樣的背景下誕生。我在食譜中用的材料雖然是墨西哥薄餅，但其實也會用中東的麵餅，比如皮塔口袋餅製作。如今，阿拉伯羅米托已是巴拉圭的國民三明治。

材料（3 人份） **Recipe**

【麵包】墨西哥薄餅或皮塔口袋餅：3 片【餡料】炒肉：250g*[1] ／炒蔬菜：2 杯 *[2] ／生菜：2 片／瑞士起司：2 片（依個人喜好）

*[1] 豬菲力或牛菲力（切成肉絲）：250g ／鹽、胡椒、卡宴辣椒粉、醬油：少許　*[2] 洋蔥：1 顆／番茄片：2 顆份

Memo

用平底鍋乾煎麵餅，稍微加熱。肉和洋蔥、番茄要分開調理，香料要加在肉的部分。兩者煮好後再混合並調味。

Chivito

小山羊

烏拉圭人喜愛的平民三明治

雖然 chivito 在烏拉圭語中的意思是小山羊，但這款三明治並沒有用到山羊肉。據說 1940 年代，有一名來自阿根廷的女性因為懷念家鄉，在餐廳點了一道小山羊肉料理。不巧餐廳沒有山羊肉，於是主廚便運用店裡各種食材做出了這款三明治，沒想到轉眼間便流傳開來，如今成了烏拉圭的國民美食。餡料除了牛肉，還有培根、火腿，以及番茄、青椒等豐富的蔬菜，最後還會再加一顆荷包蛋；濃稠的蛋黃也可以代替醬汁。

材料（1 人份） **Recipe**

【麵包】小圓法國麵包：1 個【餡料】煎牛肉片（事先用鹽、胡椒調味過）：1～2 片／火腿、煎培根：各 2 片／莫札瑞拉起司：2 片／生菜：2 片／番茄片：3 片／紅椒切片：3～4 片／荷包蛋:1顆／橄欖切片:2顆份【醬料】美乃滋：1 大匙

Memo

荷包蛋不要煎得太熟，讓蛋黃發揮醬汁的功用。

Choripán

煙燻紅椒香腸堡

烤過的香腸和辛辣的阿根廷青醬簡直是天作之合

Choripán 一詞是由這種三明治的兩種材料組合而成：煙燻紅椒香腸（chorizo）和麵包（pan）。煙燻紅椒香腸源自西班牙和葡萄牙，特色是使用了大量紅椒，顏色猩紅，味道辛辣。不過烏拉圭和阿根廷的煙燻紅椒香腸倒是沒那麼辣。烏拉圭當地會將這種香腸夾在法棍裡，淋上以大量剁碎巴西里和奧勒岡製作、顏色翠綠的阿根廷青醬。煙燻紅椒香腸除了整條直接煎，也經常縱切成兩半再煎。雖然世界各地都有香腸三明治，但這款煙燻紅椒香腸堡的味道肯定屬於前段班。本頁食譜用的麵包為細長的法棍。

材料（1 人份） **Recipe**

【麵包】法棍（配合香腸大小）：1 個【餡料】煎煙燻紅椒香腸：1 根／紫洋蔥切片：數片【醬料】阿根廷青醬（p.296）：2 大匙

Memo

如果不喜歡生洋蔥的辣味，可以汆燙或用微波爐加熱約 30 秒，這樣就能減少辛辣感。

Sandwich de Milanesa

炸肉排三明治

義大利移民傳入阿根廷的經典三明治

Milanesa 原本是指義大利米蘭的米蘭炸肉排（cotoletta alla milanese）。阿根廷到處都有賣這種三明治，舉凡街頭巷尾、攤販、車站、地鐵亭、加油站，無所不在。談到阿根廷，就不得不提牛肉，而談到牛肉，就不得不提阿根廷。也因此，阿根廷的炸肉排通常是用牛肉或小牛肉製作，不過茄子的味道也不會輸給牛肉。若加了番茄醬與莫札瑞拉起司，則稱作拿坡里炸肉排（milanesa a la napolitana）。不過這是非常純粹的阿根廷美食，和拿坡里一點關係也沒有。

材料（1 人份） **Recipe**

【麵包】小圓法國麵包或法棍（配合炸肉排的大小）：1 個【餡料】烤茄子排：1 片＊／芝麻葉：1/2 杯／番茄片：2 ～ 3 片／帕瑪森起司粉：1 大匙【醬料】美乃滋、黃芥末醬：各 1 大匙

＊茄子厚切片：1 片／雞蛋：1 顆／巴西里（剁碎）：1 大匙／蒜末：1 瓣份／牛奶：1 大匙／麵包粉：1/4 杯／鹽和胡椒：適量●茄子片浸泡牛奶約 30 分鐘，然後撒上麵包粉等其他材料，用烤箱烤

Pebete de Jamón y Queso ‖ 火腿起司三明治

Pebete是布宜諾斯艾利斯地區的俚語（lunfardo），意思是年輕男孩。這個詞現在已經沒人使用，但字詞本身依然隨著這款三明治留了下來，教人不禁想像一群孩子拿著這種三明治在庭院或公園裡奔跑的畫面。這款三明治用的麵包也叫佩貝堤（pebete），甜美、柔軟，是孩童的最愛。這款三明治的材料大多很單純，例如只夾了火腿和起司。

材料（1人份）　【麵包】佩貝堤：1個【餡料】火腿：2片／瑞士起司：2片【醬料】美乃滋：1大匙 ※ 如果沒有佩貝堤，也可以用塞米塔的麵團（p.292）做出類似的麵包

Sandwiches de Miga ‖ 軟三明治

這是阿根廷版的下午茶三明治，有一説認為是由北義移民傳入的翠梅吉諾（p.63）演變而成；另一説認為是某家餐廳的廚師為了某位思鄉的英國工程師而製作。這款三明治既沒有用到阿根廷青醬，也沒有用到牛排，唯一擁有拉丁美洲色彩的地方，大概就是加了酪梨。這在阿根廷可是非常受歡迎的派對美食。

材料（各2人份）　【麵包】吐司：各2片【餡料A】烤紅椒：1/4顆／美乃滋：1大匙／酪梨切片：3片／波芙隆起司：1片／火腿：1片【內餡B】雞蛋沙拉：1顆份／橄欖切片：2顆份／加了剁碎黑橄欖的奶油乳酪：2大匙【餡料C】水煮蛋：1顆／蘿蔓萵苣（剁碎）：1大匙／番茄片：4片／加了剁碎綠橄欖的奶油乳酪：2大匙／美乃滋：1大匙

Lomito ‖ 羅米托

阿根廷人常吃牛肉，甚至無法想像沒有牛肉的一天怎麼度過。這款菲力牛排三明治正是阿根廷人的最愛，在牛排大城門多薩（Mendoza）又稱作門多薩羅米托（lomito mendocino）。這可能是眾多阿根廷三明治中最具阿根廷特色的一個了。製作時有個訣竅，就是將牛排敲打、延展至接近麵包的大小。

材料（1 人份）　【麵包】小圓法國麵包：1 個【餡料】蘿蔓萵苣：1 片／菲力牛排：2 片／番茄片：3 片／煎火腿：2 片／瑞士起司或波芙隆起司：2 片（放在火腿上融化）／煎蛋：雞蛋 1 顆份【醬料】美乃滋：4 大匙／第戎芥末醬：1 小匙／乾奧勒岡：少許　●將醬汁的所有材料拌勻

Bondiola ‖ 燜豬三明治

上面介紹的是牛肉三明治，而下面這個則是用燜烤豬肉製作的三明治，用的部位是肩胛肉。作法是先用炭火烤出焦色，再和紅蘿蔔、洋蔥一起放入鍋中燜幾小時，最後做出來的豬肉會十分軟嫩，用手就能輕易撕開，感覺就像是用鹽代替醬油做成的滷肉。將燜烤豬肉切成方便吃的大小，與蔬菜一起夾進麵包，就成了這款三明治。也可以像本頁食譜一樣，再加一顆荷包蛋。

材料（4 人份）　【麵包】法國麵包：4 個【餡料】燜烤豬肉切片：4 片／醃漬蔬菜：2～3 杯＊／荷包蛋：4 顆／煎培根：4 片

＊白酒醋：1 又 1/2 杯／水：1/2 杯／砂糖：1 杯／小黃瓜片：1 根份／洋蔥切片：1 顆份　●將蔬菜以外的材料加熱，稍微煮出稠度，然後加入蔬菜，靜置冷卻

Chacarero

小農三明治

脆口的四季豆讓這款三明治變得與眾不同

小農三明治是智利引以為傲，也享譽國際的三明治。有趣的地方在於薄薄的煎牛排上放了滿滿的四季豆，兩種截然不同的口感，正是這款三明治的美味關鍵。牛肉可以用豬肉代替，也可以加點辣椒換換口味。除了餡料，外酥內軟的馬拉凱塔（marraqueta）也很值得品味；馬拉凱塔是智利三明治常用的麵包，也有許多人稱之為法式麵包（pain français）。四季豆也可以切成丁，吃的時候比較方便。

材料（1 人份） Recipe

【麵包】馬拉凱塔（p.294）：1 個【餡料】奶油：1 大匙／沙朗牛排：150g／燙四季豆：10 ～ 15 根／番茄片：2 片

Memo

四季豆不要煮太久，撈起來後立刻泡冷水。牛排只需用鹽和胡椒調味就夠了。

Barros Jarpa ‖ 巴羅斯火腿起司三明治

巴羅斯．哈爾帕（Barros Jarpa）是真實人物，全名為厄內斯托．巴羅斯．哈爾帕（Ernesto Barros Jarpa）。他是一名政治家，也是一名律師，1920 年還擔任智利外交部長。他從政期間，經常在國會餐廳點這道火腿起司三明治。麵包部分通常會用吐司，不過用類似法國麵包的馬拉凱塔好吃多了。起司則要烤到融化為止。

材料（1 人份） 【麵包】馬拉凱塔（p.294）：1 個【餡料】煎火腿厚片：1 片／蒙特里傑克或哈瓦蒂起司：100g ●由於麵包很厚，建議火腿先煎過再放上起司，讓起司融化，然後再一起夾進麵包，用烤箱稍微烤過

Barros Luco ‖ 巴羅斯牛肉起司三明治

看到三明治名稱以巴羅斯為首，不難猜想實際上也真有那麼一號人物。巴羅斯．盧科（Barros Luco）是哈爾帕的堂哥，同樣是政治家，曾任 1910 年～ 1915 年的智利總統。他當年在國會餐廳吃的，就是今日大家口中的巴羅斯牛肉起司三明治。哈爾帕也吃過這款三明治，但他覺得吃起來不方便，所以將牛肉改成火腿，便成了巴羅斯火腿起司三明治。

材料（1 人份） 【麵包】馬拉凱塔（p.294）：1 個【餡料】菲力牛排：150g ／哈瓦蒂起司或其他起司：1 片／奶油：1 大匙／鹽和胡椒：適量 ●將奶油放入平底鍋，融化後煎牛肉。牛排翻面後放上起司，也放入切半的麵包將內側煎香。最後將起司牛排夾進煎過的麵包即可

Churrasco ‖ 薄切牛排三明治

Churrasco 在智利是指薄切牛排。這種三明治使用的麵包不拘，但最標準的作法還是用馬拉凱塔。而口味上的變化也很豐富，其中最受歡迎的肯定是義式薄切牛排三明治（churrasco italiano），餡料包含番茄、酪梨和美乃滋（非必要）。酪梨可以切成片或搗成泥，其中加了檸檬汁、橄欖油調味的酪梨泥吃起來較方便；檸檬清爽的滋味也是其吸引人之處。

材料（1 人份）　【麵包】馬拉凱塔（p.294）：1 個【餡料】薄切牛排：150 ～ 200g* ／酪梨泥：1/2 顆份／番茄片：1 片／檸檬汁：1 大匙／橄欖油：1 大匙／鹽和胡椒：適量【醬料】美乃滋、番茄醬、黃芥末醬：適量（依個人喜好）●酪梨和番茄分別用檸檬汁、橄欖油、鹽巴、胡椒調味

* 菲力牛排或小牛肉片：1 片／蒜頭：1 瓣／沙拉油：1 小匙

Completo ‖ 熱狗堡

這款三明治可謂智利式的熱狗堡，配料相當豐盛。Completo 一般是指義大利熱狗堡（completo italiano），配料包含番茄丁、酪梨泥和美乃滋，雖然名稱裡有個義大利，但跟義大利菜一點關係也沒有，只是因為酪梨的綠色、美乃滋的白色、番茄的紅色，搭配起來是義大利國旗的顏色。

材料（1 人份）　【麵包】熱狗堡麵包：1 個【餡料】酪梨泥：1 杯 * ／德式酸菜：2 大匙／法蘭克福香腸（蒸熟）：2 條或較長的 1 條／番茄丁：1 顆份【醬料】黃芥末醬混美乃滋：2 大匙

* 酪梨：1 顆份／檸檬汁：1 大匙／特級初榨橄欖油：1 小匙／鹽和胡椒：適量

The World's Sandwiches

Chapter 7

非洲

埃及／摩洛哥／突尼西亞／阿爾及利亞
南非／尚比亞

Kunafa with Cream

奶油庫納法

以纖細派皮絲製作的甜點

庫納法（kunafa）是一種用派皮絲（kataifi）製作的甜點，普遍見於土耳其與中東地區、希臘等地。庫納法的內餡多為起司和鮮奶油，烤好後還會淋上橙花水風味糖漿。橙花水的氣味相當濃烈，不是人人都能接受，所以我建議製作糖漿時，一開始先加一點試試看，可以接受再慢慢增加用量。也可以用柑橘風味的利口酒或精油取代橙花水，只是香氣和味道不太一樣。傳統作法大多會在鮮奶油餡裡添加米麵粉，增加稠度，不過這會形成一股類似米飯剛炊好時的獨特氣味。假如不想要這個味道，可以像本頁食譜一樣改用玉米澱粉或麵包粉增稠，又或是直接改用大家較熟悉的卡士達醬。

派皮絲通常是冷凍販售，事前準備相當費時，必須先解凍，然後加入融化的奶油，用手指仔細撥開。製作庫納法時，先將食譜份量一半的派皮絲鋪在直徑約30公分的圓形模具中，需確實填滿並鋪平。接著均勻抹上整面的鮮奶油，再鋪上剩下的派皮絲，並用手指稍微壓實，以免鮮奶油溢出。最後用180℃的烤箱烤45分鐘即完成。

材料（10～12人份） Recipe

【派皮】派皮絲：450g／無鹽奶油：225g ●派皮絲在常溫下完全解凍後，輕輕用手拆散。拆散後加入融化的奶油混合均勻。【餡料】鮮奶油餡：5杯*1／開心果碎：2/3杯【醬料】糖漿：2杯*2

*1 牛奶：4杯／重鮮奶油：1/2杯／砂糖：4大匙／玉米澱粉：1/2杯 ●將牛奶和玉米澱粉倒入鍋中加熱，用打蛋器持續攪拌，煮至沸騰。加入鮮奶油，轉小火邊攪拌邊煮10分鐘，最後再加砂糖

*2 砂糖：2又1/2杯／水：1又1/4杯／檸檬汁：1大匙／橙花水：2大匙 ●將橙花水以外的所有材料煮沸，且煮到有點稠度後離火，加入橙花水，放涼

Memo

此處是用較淺的圓形模具，但也可以使用長方形或方形模具。出爐後整個模具倒扣在盤子上脫模，然後再分切。

Aish Baladi with Dukka

杜卡香料餅

只需大方地撒上香料，就能做出美味的開放式三明治

埃及麵餅（aish baladi）與皮塔口袋餅十分相似，不過皮塔是用一般的麵粉製作，埃及麵餅則是使用全麥麵粉，因此成品呈淡棕色；有時候也會撒上麥麩一起烤。這種麵餅最簡單的吃法，就是出爐後淋上橄欖油，再撒上用榛果和綜合香料製作的調味料：杜卡（dukka）。也可以在生麵團擀開後（即烘烤前）撒上杜卡，這樣榛果會更香脆。杜卡可以應用於許多料理，可以常備；鹽膚木也是。

材料（1 人份） Recipe

【麵包】埃及麵餅（全麥版皮塔口袋餅）：1 片【餡料】杜卡醬（p.297）：2～3 大匙／特級初榨橄欖油：1 大匙

Memo

吐司塗上奶油、撒上杜卡也很好吃。

Hawawshi ‖ 哈瓦希餡餅

材料（2 人份）　【麵包】皮塔口袋餅：2 片【內餡】牛絞肉或羊絞肉：200g／洋蔥丁、甜椒丁、番茄丁：各 1/2 顆份／橄欖油：少許／辣椒粗片：1 小匙／鹽和胡椒：適量　●先將內餡的所有材料混合，接著有兩種作法，一種是將生料填入皮塔口袋餅後用烤箱烤；或是將內餡炒熟後填入皮塔餅，再用乾淨的平底鍋煎口袋餅

哈瓦希（hawawshi）類似浪馬軍（別名土耳其披薩），但肉的份量更多。傳統作法是將生肉餡堆在擀開的生麵團上，再放上另一張生麵團，封起邊緣，然後用烤箱烤，但現在也有很多人採取懶人作法，將生餡料填入現成的皮塔口袋餅後再拿去烤。更簡單的方法，就是將煮好的餡料直接填入皮塔口袋餅。

Egyptian Palace Bread

‖ 埃及皇宮麵包

材料（2～3 人份）　【吐司】吐司：6 片【餡料】蜂蜜：480g／打發鮮奶油：4 大匙　●切邊吐司淋上大量蜂蜜，靜置一段時間，然後將吐司疊成三層，用烤箱烤至微焦。冷卻後再擠上打發鮮奶油裝飾

這道甜點簡單無比，只會用到三種材料：吐司、蜂蜜、打發鮮奶油。作法是將切邊吐司放在方盤等容器中，淋上滿滿的蜂蜜，等待蜂蜜充分滲透吐司。接著將黏糊糊的吐司疊成三層，用預熱好 150 度的烤箱烤 45 分鐘左右。冷卻後再擠上打發鮮奶油就大功告成。鮮奶油上面可以再放一點堅果，看起來會更有甜點的樣子。

Egyptian Moussaka ‖ 埃及木莎卡

材料（2～3人份） 【麵包】皮塔口袋餅：2～3片【餡料】炒絞肉：200g*／煎茄子厚切片：約7～8片／炒青椒切片：1顆份／番茄片：1顆份【醬料】番茄醬汁：1又1/2～2杯 ●在皮塔餅上依序堆疊茄子、青椒、肉、茄子、醬料、肉、番茄、青椒，然後用烤箱烤

*沙拉油：1大匙／洋蔥丁：1/2顆份／蒜末：1瓣份／牛、羊或雞的絞肉：200g／鹽和胡椒：適量

木莎卡（moussaka）是一種在日本也很多人知道的希臘料理，由茄子、番茄醬汁和稍微炒過的羊絞肉層層堆疊，淋上白醬後再進烤箱烘烤而成。埃及的木莎卡基本上與希臘相同，但感覺上肉的比例較少，茄子的量較多，而且不像希臘一樣用到白醬。埃及人習慣木莎卡做好後放一天再吃，整體會更加入味。

Ful Midamess ‖ 蠶豆餐

材料（2人份） 【麵包】皮塔口袋餅：2片【餡料】乾燥蠶豆（用水泡發）：200g／蒜末：2瓣份／鹽和胡椒：適量【配料】平葉巴西里（剁碎）：2大匙／紅辣椒（剁碎）：2條份／鹽膚木、孜然粉：各2小匙／檸檬汁、特級初榨橄欖油：各2大匙／水煮蛋切片：1顆份／黃瓜、番茄、紫洋蔥、橄欖（皆剁碎）：適量 ●將蠶豆煮軟後，留少量湯汁在鍋中，加入蒜泥、鹽、胡椒，然後用叉子等器具稍微壓碎豆仁。將豆子盛在碗中，再放上配料裝飾

據聞蠶豆餐源自古埃及，是埃及的傳統料理與國菜，也是當地人熟悉的早餐。埃及以外的地方也有，如黎巴嫩、敘利亞、葉門、巴勒斯坦、約旦。這是一種用乾燥蠶豆製作的燉菜，通常會配黃瓜、水煮蛋、橄欖，舀在皮塔口袋餅上吃。

Harcha

哈爾恰

摩洛哥人早餐愛吃的小煎餅

哈爾恰（harcha）是一種用粗粒小麥粉（semolina）製作，並使用小蘇打粉增加蓬鬆度的麵餅，有點類似美國的比司吉或英國的司康。Harcha 在摩洛哥語中的意思是「粗糙」。這種小煎餅烤熟後，吃起來仍有一些顆粒感，質地也鬆鬆的，很像落雁（一種和菓子），尤其是剛烤好的時候。而且它很薄，所以切的時候要小心一點，以免碎裂。哈爾恰的作法就跟一般鬆餅或司康一樣簡單，非常適合當早餐吃。吃的時候通常會塗果醬或奶油，也可以分成兩半夾起司等食材。早餐尤其適合搭配荷包蛋和優格醬

材料（1 人份） **Recipe**

【麵包】哈爾恰：2 個 *【餡料】荷包蛋：1 個【醬料】摩洛哥優格醬（p.297）：適量／喜歡的果醬：1 大匙

*（6 個份）粗粒小麥粉：1 杯／砂糖：1 大匙／小蘇打粉：1 小匙／鹽：適量／奶油：60g ／牛奶：60 ～ 100ml

Memo

麵團不用揉，只需混合至整體濕度均勻即可。

Batbout ‖ 摩洛哥口袋餅

用平底鍋就能製作
口感似馬芬的煎餅三明治

哈爾恰蓬鬆的質地來自小蘇打粉，而摩洛哥口袋餅則是酵母發酵的成果，麵團的比例為粗粒小麥粉：麵粉＝1：2。麵團發酵完成後也不是用烤箱烤，而是用平底鍋乾煎。摩洛哥口袋餅無論外觀、口感和味道都非常類似英式瑪芬，直徑約 6 ～ 7 公分的迷你尺寸比較適合劃開口袋並填入各種餡料。這裡我用的餡料是沙威瑪綜合香料（shawarma spice）風味炒雞與新鮮蔬菜，然後再淋上滿滿用中東芝麻醬製作的濃郁芝麻淋醬。

材料（10 人份） Recipe

【麵包】摩洛哥口袋餅：10 個 *1【餡料】炒雞肉：3 杯 *2 ／生菜：4 片／醃黃瓜切片：6 片【醬料】芝麻淋醬（p.296）：3 大匙

*1（10 ～ 15 個份）：高筋麵粉：400g ／粗粒小麥粉：200g ／砂糖：2 大匙／鹽：少許／橄欖油：3 大匙／乾酵母：2 小匙／水：300ml　*2 奶油：1 大匙／雞肉：500g ／洋蔥切片：1 顆份／番茄片：2 顆份／雞肉沙威瑪香料（p.296）：1/2 小匙／鹽和胡椒：適量／水：30ml　●除了水以外，所有材料下鍋炒，最後再加水，煮至水分收乾

Memo

用來製作芝麻淋醬的中東芝麻醬類似日本料理常見的胡麻醬，不過是用去皮芝麻磨製，因此味道比較柔和。

Moroccan Chicken & Chickpea Salad

摩洛哥辣雞＆鷹嘴豆沙拉

鷹嘴豆是中東、中亞地區常見的豆類，口感獨特，風味類似堅果，質地濕黏，是咖哩、沙拉、鷹嘴豆泥、中東蔬菜球等各式料理中常用到的食材。本食譜介紹的沙拉也會用到鷹嘴豆，並且和微辣的雞肉一起填入皮塔口袋餅，做成份量十足的三明治。不過就算不加雞肉也很好吃，所以素食者也能盡情享受。

材料（3 人份）　【麵包】皮塔口袋餅：3 片【餡料】炒雞肉：200g*[1]／鷹嘴豆沙拉：1 杯 *[2]

*[1] 雞胸肉（切成一口大小）：200g／孜然粉、辣椒粉：各 1/2 小匙／沙拉油：少許　*[2] 鷹嘴豆（煮軟）：2/3 杯／青蔥末：2 根份／番茄丁：1/2 顆份／橄欖（剁碎）：4 顆份／蒜末：1 瓣份／橄欖油：1 大匙／檸檬汁：1 大匙／鹽和胡椒：適量

Lamb Tagine with Prunes

塔吉羊肉佐李子

塔吉（tagine）是中東地區、伊斯蘭文化圈的傳統陶器，《天方夜譚》的故事中也有相關描述。而這款三明治，就是用這種陶器燉煮羊肉，並將羊肉填入切成一半的皮塔口袋餅製成。燉羊肉搭配加了薄荷的爽口醬汁、酸甜的李子，相得益彰。

材料（3 人份）　【麵包】皮塔口袋餅：3 片【餡料】香料燉羊肉：300g*[1]／番茄片：1/2 顆份／生菜：1 片／水煮蛋切片：1 顆份／白芝麻：1/2 小匙【醬料】摩洛哥蜜李乾 *[2]：3 顆份／薄荷優格醬（p.297）：3 大匙

*[1][羊肉與醃料] 切成一口大小的羊肉：300g／蒜末：1 瓣份／鹽和胡椒：適量／芫荽粉、孜然粉、薑粉：少許／肉桂棒：1/2 根／橄欖油：3 大匙 [燉煮材料] 橄欖油：3 大匙／洋蔥圈：1/4 顆份／水：1/2 杯

*[2] 李子乾：3 顆／燉羊肉的湯汁：20ml／蜂蜜：1 大匙／肉桂粉：1 小撮／白芝麻：1/2 小匙

Fricassé ‖ 油炸小餐包

用油炸小餐包製作的鮪魚、雞蛋、馬鈴薯三明治

地處北非地中海沿岸的突尼西亞，文化受到多國影響，包含阿拉伯、法國、義大利、西班牙、土耳其，近年更因為貿易與觀光關係，也受到中國、日本、印度等國家的影響。當地飲食文化也與原住民文化相互交融，獨樹一格。這款油炸小餐包正是這座文化大熔爐的象徵，是代表突尼西亞的麵包與三明治。其作法類似甜甜圈，會將發酵過的麵團下鍋油炸。聽起來似乎很油膩，但由於麵團水分含量較高，所以不怎麼吸油，吃起來和普通麵包沒兩樣。突尼西亞到處都有賣油炸小餐包三明治的店家，當地孩子也愛吃得很。

材料（8 人份） **Recipe**

【麵包】油炸小餐包：8 個 *1【餡料】鮪魚和馬鈴薯沙拉：3 杯 *2 ／水煮蛋切片：4 顆份／橄欖：16 顆【醬料】哈里薩辣醬或其他辣醬：適量

*1 麵粉：4 杯／酵母：2 小匙／沙拉油：2 大匙／鹽：少許／雞蛋：1 顆／水：1 又 1/4 杯／沙拉油（炸油）：適量 ●將沙拉油以外的所有材料混合，充分揉捏。靜置約 1 小時，待麵團發酵至兩倍大，然後分成 8 等份，捏成美式足球的形狀，下鍋油炸 *2 水煮馬鈴薯（切丁）：3 顆份／罐頭鮪魚：100g ／鹽和胡椒：適量

Memo

由於麵團偏厚，若油溫太高，容易外面脆了，裡面卻沒熟。麵團大約需要慢慢炸個 6 ～ 8 分鐘，視麵團大小調整。油炸過程記得適時翻動麵團。

Garantita ‖ 鷹嘴豆餡餅

材料（4 人份） 【麵包】法棍：1 條【餡料】鷹嘴豆餡餅：1 片 *【醬料】哈里薩辣醬：適量

* 鷹嘴豆粉：1 杯／水：2 杯／沙拉油：1/4 杯／雞蛋：1 顆／孜然粉：1/2 小匙／鹽和胡椒：適量 ●鷹嘴豆粉泡水一晚，加入其他材料混合均勻，然後鋪在烤盤上，用烤箱烤。出爐後切成適當大小，夾入麵包

三明治背後的各種故事總是值得玩味，而鷹嘴豆餡餅的起源更是與眾不同。故事要追溯到 16 世紀，地點在阿爾及利亞西北部奧倫市（Oran）的聖克魯斯堡（Fort of Santa Cruz）。當年被敵軍困在堡壘裡的西班牙軍隊，將所剩無幾的糧食混合鷹嘴豆粉，然後夾在麵包裡面吃，而這樣食物便成了鷹嘴豆餡餅的起源。如今，阿爾及利亞各個城市都可以看到賣這款三明治的攤販。

Frites Omelette ‖ 煎蛋堡

材料（1 人份） 【麵包】法棍：1/4 條【餡料】煎蛋：1 個 *／奶油：1 大匙／橄欖切片：2 顆份／番茄片：2 片【醬料】哈里薩辣醬或其他辣醬：1 大匙

* 炸薯條：200g／雞蛋：2 顆／鹽和胡椒：適量／奶油：2 大匙

煎蛋堡在阿爾及利亞是人氣僅次於鷹嘴豆餡餅的街頭美食。阿爾及利亞的煎蛋類似西班牙烘蛋，但風味更強勁，而且用剩餘的食材也能製作。作法是先用平底鍋加熱炸薯條，然後倒入蛋液；蛋液裡面還加了當地特產：哈里薩辣醬。由於薯條很大一塊，成品模樣比起煎蛋，感覺更像炒蛋。

Bunny Chow

咖哩吐司盒子

挖出麵包芯 再裝入咖哩

咖哩吐司盒子的起源眾說紛紜。雖然每種說法都頗有那麼一回事，但真相無人能解。我採信的說法是由愛爾蘭都柏林的印度移民所發明。聽說最早的咖哩餡不含肉，而是使用乾燥萊豆（sugar bean）。不過現在則會加羊肉、羔羊肉、雞肉等等。日本人愛吃咖哩的程度是全球數一數二，我認為追求道地或原汁原味的食譜是件好事，但是用自己吃習慣的咖哩來製作也無妨。不過麵包並不完全防水，所以最好別用太稀的咖哩，稠一點的咖哩比較適合製作吐司盒子。一開始也可以嘗試製作迷你版本的咖哩吐司盒子：寇塔（kota）。

材料（4～6人份） **Recipe**

【麵包】整條吐司：10～15cm【餡料】濃稠的羊肉或牛肉咖哩：足夠填滿麵包的量　●挖出吐司的芯，但不要丟掉，可以一起上桌

Memo

先用挖出來的麵包芯沾咖哩吃，再將整個咖哩吐司盒子拿起來大快朵頤。

Gatsby ‖ 蓋茨比三明治

材料（1人份）　【麵包】短棍：1條【餡料】煎波隆那香腸：4片／炸薯條：1杯／生菜絲：1/2杯【醬料】番茄醬：1大匙／霹靂霹靂辣醬：1大匙

據說這個三明治的名字來自史考特．費茲傑羅的小說《大亨小傳》（The Great Gatsby），但至今仍沒有人知道緣由，只知道它是名聲響徹國際的巨大三明治，尺寸大到一個人吃不完，所以通常都會多人分享。傳說這款三明治原本的作法，是將前一晚剩下的食物塞進麵包充當午餐，所以內餡種類豐富，比較經典的餡料有波隆納香腸、炸薯條和霹靂霹靂辣醬。

Braaibroodjie ‖ 烤肉三明治

材料（4人份）　【麵包】吐司：8片【餡料】番茄片：2顆份／切達起司：4片／洋蔥切片：1顆份／奶油、鹽和胡椒：適量

Braai是烤肉的意思。烤肉時絕對不能輕忽附餐，而在南非，最廣為人知的烤肉附餐就是這款三明治。雖然這只是簡單的熱起司三明治，但南非人有他們的堅持，比如不使用法棍那種花俏的麵包；起司也不用起司片，而是起司絲。麵包外面會塗上奶油，而且當然要直火炭烤。

Spicy AMARULA* Chicken Livers with Crusty Bread

香料奶酒雞肝佐酥皮麵包

法棍上放著用甜美利口酒調理的雞肝

愛瑪樂香甜奶酒（AMARULA）是用南非原產水果瑪樂果（marula ／ amarula）發酵製成的奶酒，1980 年代才開始生產，是個新品牌，國際知名度還不算太高。瑪樂果樹又稱作象樹（elephant tree），大象喜歡吃它的果實，甚至傳說大象吃了自然發酵的果實也會變得醉醺醺的。愛瑪樂奶酒可以純飲，也可以用來調製雞尾酒、做甜點，甚至拿來替肉調味。本頁食譜就是愛瑪樂官方網站介紹的菜餚，雞肝搭配愛瑪樂的奶感香甜，形成前所未有、奇妙而華麗的滋味。

材料（4 人份） **Recipe**

【麵包】法棍切片：4 ～ 8 片【餡料】煎雞肝：1 杯 *

* 橄欖油：2 大匙／洋蔥末：1 顆份／雞肝：250g ／鹽和胡椒：適量／蒜末：1 瓣份／辣椒（剁碎）：1 根份／蝦夷蔥末、巴西里（剁碎）：各 1 大匙／白蘭地：30ml ／愛瑪樂香甜奶酒：30ml ／重鮮奶油：200ml

Memo

洋蔥用橄欖油炒過。雞肝撒上鹽和胡椒，用不沾鍋煎，然後加入炒過的洋蔥、大蒜和辣椒，再加入白蘭地點燃。接著加入愛瑪樂香甜奶酒，煮沸。最後加入蝦夷蔥和巴西里稍微攪拌即可。

* 愛瑪樂香甜奶酒的 Logo 為
Southern Liqueur Company Limited 的註冊商標

Pineapple Sandwich ‖ 鳳梨三明治

南非東開普省的巴瑟斯特鎮（Bathurst）有一座巨大的鳳梨造型建築物，像極了海綿寶寶的家；而這也是全球最大的鳳梨造型建築物。鳳梨是南非的重要作物，當地產量大、價格便宜，既然如此，拿來做成三明治也是合情合理。於是，吐司抹上奶油，夾上厚片鳳梨做成的鳳梨三明治就誕生了。就這樣，沒有其他秘密了。

材料（1人份）　【麵包】吐司：2片【餡料】奶油：1大匙／新鮮鳳梨厚切片：1片

Roosterkoek ‖ 烤麵包

這款烤麵包和烤肉三明治都是南非人烤肉時一定會出現的食物。不知道是不是因為他們覺得烤吐司太好吃了，所以覺得麵包直接從生麵團開始烤會更好吃。這種麵團經過發酵，所以製作上比用小蘇打粉的麵包還要費工，不過超市也有賣這種烤麵包專用的生麵團，方便大家想烤就烤，買回來後只需將麵團搓成大小適中的球狀，放到烤架上即可。

材料（各1人份）　【麵包】烤麵包專用麵團：2個*【內餡A】無花果蜜餞：1大匙／奶油或卡門貝爾起司：1大匙【內餡B】炒蛋：2大匙／培根：2片

*（10個份）麵粉：400g／鹽、砂糖：各1小匙／乾酵母：2小匙／橄欖油：15ml／溫水：250ml ●將所有材料混合成團，待麵團發酵至兩倍大，分成10塊圓餅狀的麵團，然後放上烤架烤

Crocodile Burger

鱷魚漢堡

連鱷魚都能做成漢堡，人類的好奇心真驚人

世界各地總有意想不到的肉品，舉凡駝鳥、馴鹿、野豬、袋鼠，乃至於犰狳，其中也有不乏飼育的肉品。美國也有養殖食用野牛和短吻鱷（alligator）。鱷魚（crocodile）也是稀有肉品之一。無奈在美國無法取得鱷魚肉，只能使用鱷魚的親戚——短吻鱷來代替，但我認為兩者在味道和口感上並無明顯的差異。鱷魚肉水分稍多，類似雞肉，沒什麼腥味。常有人說鱷魚肉的口感堪比橡膠，但是做成絞肉就完全不會有這種感覺，所以非常適合做成漢堡排。

材料（1人份） **Recipe**

【麵包】漢堡包：1個【餡料】鱷魚肉漢堡排：1個*／番茄片：2片／紫洋蔥圈：3片【醬料】番茄醬、美乃滋、黃芥末醬：各1大匙

*鱷魚或短吻鱷的絞肉：200g／洋蔥末：1/4顆份／西洋芹末：1大匙／蛋液：1大匙／奧勒岡、百里香、肉豆蔻粉等綜合香料：1小匙／麵包粉：1大匙

Memo

由於短吻鱷的肉水分較多，可以事先用紙巾吸取多餘的水分，再與其他材料混合。

The World's Sandwiches

Chapter

8

亞洲、大洋洲

中國／台灣／韓國／日本／越南／泰國／柬埔寨
馬來西亞／新加坡／印度／澳洲

猪排包 ‖ 豬扒包

誕生於澳門的經典豬排三明治

豬扒包是澳門的熱門小吃之一，在美國唐人街也以「pork chop bun」的名稱深植人心。豬排炸得外酥內軟，一口咬下，肉汁便在嘴中四溢。豬肉在下鍋油炸之前，會先用各種香料抓醃。道地的中式醃料獨特且複雜，一般人很難複製，想要簡單一點的話用五香粉就行了。由於澳門曾是葡萄牙的殖民地，所以豬扒包的麵包大多會使用葡式圓麵包；此外也經常使用甜甜的菠蘿包（菠蘿麵包）。

材料（2 人份） **Recipe**

【麵包】菠蘿包：2 個【餡料】醃過的無骨豬排：2 塊 *／煎紫洋蔥圈：1/2 顆份／生菜：1 片

*（醃料）蒜末：1 瓣份／薑泥：1 小匙／洋蔥末：1/2 顆份／蝦夷蔥末：1 枝份／醬油：3 大匙／砂糖：2 大匙／五香粉：1/2 小匙／水：1/2 杯／太白粉：3 大匙

Memo

肉先用刀背敲打，再用刀面拍軟。五香粉是一種香氣濃烈的綜合香料，需注意用量。肉建議醃至少 3 個小時，醃完後用炸的或烤的都可以。

烧饼 ‖ 燒餅

酥脆的麵皮最適合當早餐或點心

燒餅是源自中國北部的麵餅，比起麵包，可能更接近派皮。燒餅想怎麼吃就怎麼吃，可以包餡再烤，或等燒餅烤好之後再橫剖開來添加餡料；也可以什麼都不加，直接吃。在美國，只要到唐人街就能輕易買到冷凍燒餅，而且口味豐富，有甜餡也有鹹肉餡，很多早餐燒餅會夾中華風的豆沙餡或蔥花蛋。另外，台灣人早餐也會吃燒餅，有一種口味叫「燒餅夾肉」，裡面夾了燉牛肉，是燒餅眾多的吃法之一。

材料（2 人份） **Recipe**

【麵皮】燒餅：2 片【內餡 A】蔥花蛋：1 個 *【內餡 B】豆沙：2 大匙 *

* 雞蛋：1 顆／蔥花：1 大匙／鹽和胡椒：適量／沙拉油（煎蛋用）：適量

Memo

冷凍燒餅可以直接用烤麵包機或烤箱烘烤。

肉夾馍 ‖ 肉夾饃

用多種香料蒸煮的豬肉夾進三明治

肉夾饃源自中國陝西省，如今已是遍及中國各地的人氣街頭小吃。肉夾饃使用的麵餅稱作「饃」，類似英式瑪芬，但沒那麼厚。從側邊劃開這種薄麵餅，夾上滷豬肉，就成了肉夾饃。滷豬肉會用到八角、陳皮、辣椒、四川胡椒、小豆蔻、孜然等多達 20 種香料，不過一般人在家可以簡化成右方食譜列出的材料。如果沒有饃，也可以用英式瑪芬取代。

材料（2 人份） **Recipe**

【麵包】饃：2 片 *1【餡料】中式滷豬肉：4 大匙 *2／洋蔥末：1 小匙／巴西里或香菜（剁碎）：1 大匙／青辣椒末：1 小匙（依個人喜好）
*1（6 個份）麵粉：350g／水：140 ～ 180ml／乾酵母：2 小匙／鹽：1 小匙 ●將二次發酵完成的麵團做成英式瑪芬狀，用平底鍋乾煎 *2（6 人份）豬肉：1000g／酒：30ml／鹽：6g／粗糖：10g／醬油：35g／蔥：1/2 根／薑：2 片／八角：2 粒／肉桂：1 枝／草果：1 顆／水：適量 ●將所有材料放入鍋中，加水直到淹過肉，將肉燉軟。燉好後將肉切成容易入口的大小

棺材板 ‖ 棺材板

將燉菜填入棺材模樣的麵包

棺材板這名字取的真好，英文叫作「coffin bread」，簡單來說就是模仿棺材形狀的三明治。作法是將吐司炸過後挖掉芯，再填入燉菜；聽說也有人會填入燉飯。雖然美國新英格蘭地區也會將巧達蛤蜊濃湯裝進圓形法國麵包挖空做成的麵包碗，但大概只有台灣的棺材板是用炸吐司來代替碗了。觀光客想要吃到這款三明治，到台南可能會比較容易。棺材板的餡料通常是奶油燉蝦，但也可以依個人喜好裝填不同的燉菜，或是像南非的吐司盒子一樣裝咖哩。

材料（1 人份） **Recipe**

【麵包】油炸厚片吐司（厚度 2cm 以上）【餡料】蝦仁奶油燉湯：適量

Memo

吐司很會吸油，如果用太多油炸，吃起來會很膩，所以建議油少放一些，且炸的過程要經常翻面，炸到表面呈現金黃色就好了。如果想減少吸油量，也可以挑水份較多的吐司，或是用吐司兩端的部分製作。吃的時候，可以將燉菜舀到蓋在上面的麵包配著吃、拿湯匙直接吃燉菜，或是整個拿起來啃。

刈包

刈包

用蒸包夾豬五花與酸菜做成的三明治

刈包是一種形似兩片舌頭疊在一起的麵包，但這其實是將橢圓形麵團折疊後蒸出來的樣子。上下兩片麵包並未貼合，用手就能輕易掀開，通常會拿來夾豬五花。台灣人很愛吃這種三明治，而美國唐人街也可以買到冷凍刈包，只需用微波爐加熱即可立刻享用。有趣的是，這款三明治裡面還會加台式酸菜。台式酸菜類似日本的高菜漬（醃芥菜），不過高菜漬比較辣，至於外觀、口感、味道幾乎一模一樣。這種酸菜和肉簡直是絕妙組合。

材料（6 人份） **Recipe**

【麵包】蒸好的刈包：6 個 *1【餡料】滷豬肉：350g*2 ／香菜：適量／花生碎：1 小匙／台式酸菜或高菜漬：適量

*1 麵粉：200g ／水：100g ／乾酵母：2 小匙／砂糖：20g ／鹽：1/2 小匙 ●麵團發酵後分成 6 等份， 成長長的橢圓形，對摺後拿去蒸 *2 豬肉（切成一口大小）：350g ／洋蔥末、薑末：5g ／醬油：5ml ／鹽：3g ／八角：3 粒／水：2 杯 ●肉煎過之後，加入其他材料燉煮

Memo

滷肉可以加點砂糖增添甜味。如果找不到酸菜，高菜漬也是不錯的選擇。

불고기버거

韓式燒肉堡

將韓式烤肉做成漢堡，劃時代的三明治

韓式烤肉在日本也很受歡迎，而這款三明治就是將韓式烤肉夾進漢堡包，再加上生菜和起司。這在韓國很受歡迎，連大型漢堡連鎖店也有賣，我猜也有不少日本人會特地跑去韓國品嘗這道美食。韓式燒肉堡似乎有兩種，一種是夾韓式燒肉風味的漢堡排，另一種則是直接夾韓式燒肉。一般的吃法是淋上苦椒醬，不過用辛奇（韓式泡菜）代替也令人欲罷不能。韓式烤肉的甜味搭配酸辣又脆口的辛奇，增添了風味的深度與層次。

材料（3 人份） **Recipe**

【麵包】漢堡包：3 個【餡料】韓式燒肉：200g*1 ／炒蔬菜：1/2 ～ 2/3 杯 *2 ／辛奇：100g【醬料】美乃滋：適量

*1 沙拉油：1 小匙／烤牛肉片：200g ／韓式烤肉醬：5 大匙

*2 洋蔥切片：1/2 顆份／蘑菇切片：2 ～ 3 顆份／沙拉油：1 小匙

Memo

肉的味道很夠，而且還加了辛奇，所以不需要再加美乃滋；但想加的人還是可以加。

Katsu Sand ‖ 炸豬排三明治

象徵日本飲食文化的世界知名三明治

炸豬排三明治是日本引以為傲的世界級三明治，不僅整塊豬排必須厚度一致，尺寸也要和麵包齊平。假如三明治切成三角形時，只有切口處的豬排特別厚，或兩片麵包撕開後發現豬排大小只有麵包的一半，都不合格。高麗菜可以加一些，但也不能放太多。豬排必須使用豬菲力製作，而麵衣當然非得用日本的麵包粉不可，其炸出來的口感輕盈酥脆，最近就連外國人也開始使用日本的麵包粉了。醬汁的用量必須恰到好處，味道也要維持在不會太甜、也不會太辣的絕佳平衡。雖然每個人口味不同，但我想大多數人都會同意上述定義。

材料（1 人份） **Recipe**

【麵包】吐司：2 片【餡料】炸菲力豬排：2 片／生菜絲或高麗菜絲（非必要）【醬料】豬排醬：1 大匙／黃芥末醬：1 小匙（依個人喜好）／美乃滋：1 小匙（依個人喜好）

Memo

若要使用黃芥末和美乃滋，需事先與豬排醬混合。混合好的醬汁不是塗在麵包上，而是沾在豬排上。三明治做好後先用保鮮膜包起來，拿一個不會太重的東西壓一陣子，這樣切的時候才不容易散開。

Yakisoba Pan ‖ 炒麵麵包

雖然日本的炒麵是從中國的炒麵演變而來，但如果沒有這段歷史，炒麵麵包就不會誕生了。日本炒麵的水分較少、醬香濃郁，所以夾進麵包也不會濕濕爛爛的。話又說回來，由於每個人的口味不同，所以炒麵麵包的炒麵也沒有特定的食譜。就我個人來說，最重要的是麵要夠乾，此外一定要加一點蠔油，至於豆芽菜、洋蔥、紅薑和海苔則是必備的配料。

材料（1人份）　【麵包】潛艇堡麵包或小圓布里歐許：1個／喜歡的炒麵：適量／紅薑、海苔：少許

fruit Sand ‖ 水果三明治

夾著草莓與鮮奶油的三明治在日本非常經典。雖然日本老早就有填了奶油乳酪餡的奶油夾心麵包，但現在鮮奶油三明治已經自成一家，而且變化無窮，水果種類有奇異果、鳳梨、香蕉，奶油也有各式各樣的調味，麵包類型同樣形形色色，不過草莓和鮮奶油是萬年不敗的經典組合，這一點千萬不能忘記。

材料（1人份）　【麵包】吐司：2片【餡料】草莓：4顆／打發鮮奶油：2～4大匙

Bánh Mì ‖ 越南法國麵包

開拓三明治新疆界的亞洲代表性三明治

越南法國麵包已經在美國普及，不僅唐人街，街頭巷尾都能看到賣越南法國麵包的餐廳。越南在法國殖民時代深受法國文化影響，而越南法國麵包正是法國與越南文化融合而成的三明治。使用的麵包很明顯是法棍，只是脆皮的部分比較薄，口感也比法棍蓬鬆。內餡大多是越南的特色料理，或一些創意菜色。論肉與蔬菜的比例，越南法國麵包的蔬菜比例多於歐美的三明治，而這種均衡的肉菜比例，正是其他三明治缺乏的魅力。

材料（1 人份） **Recipe**

【麵包】短棍：1 個【餡料】喜歡的炒肉（醃過）與豆腐：80g／小黃瓜絲：3～5 條份（依個人喜好）／越式醃蘿蔔絲（ Chua）：2 大匙*／香菜（剁碎）：1 大匙【醬料】美乃滋：1 大匙／醬油：1 小匙

*（3 杯份）紅蘿蔔絲：1 根份／白蘿蔔絲：450g／鹽：1 小匙／砂糖：1/2 杯／米醋：1 又 1/4 杯／溫水：1 杯

Memo

將麵包橫剖開來，稍微挖掉麵包芯，預留填入內餡的空間。麵包要稍微烤過。

Itim Khanom Pang ‖ 冰淇淋三明治

亮點在冰淇淋背後的甜美糯米粥

義大利有義式冰淇淋三明治，美國有冰淇淋夾心餅乾，而亞洲也有不輸給前兩者的冰淇淋三明治。泰國的冰淇淋三明治獨樹一幟，絕非義大利或美國的仿造品。使用的柔軟麵包類似日本的奶油小餐包；冰淇淋口味相當多元，但最具亞洲特色的莫過於椰奶冰淇淋。不過，泰式冰淇淋三明治最特別的地方，是冰淇淋底下還藏著充滿椰香的甜美糯米粒。

材料（1人份） **Recipe**

【麵包】布里歐許之類的甜麵包：1個【餡料】椰香糯米粥：1大匙 *1 ／椰奶冰淇淋：2球 *2 ／花生碎：1小匙

*1（2人份）糯米：1杯／椰奶：2/3杯／鹽：少許／砂糖：1/2杯●糯米炊熟後加入其他材料，邊攪邊煮，慢慢煮成粥　*2（4人份）椰奶：400ml／砂糖：6大匙／鹽：少許／玉米澱粉：2大匙／香草精：1小匙●用2大匙的椰奶溶解玉米澱粉備用，其餘材料倒入鍋中煮沸。接著加入調好玉米澱粉的椰奶勾芡。冷卻後放冰箱冷藏一天，然後用叉子等器具搗碎，再用果汁機打成綿密的質地，接著再次放入冷凍庫冷凍

Nom Pang ‖ 三明治

保有濃厚法國殖民歷史色彩的三明治

Nom Pang 在柬埔寨語中是麵包的意思，是指法國殖民時代傳入的法國長棍麵包，同時也有三明治的意思。這款三明治如今已是柬埔寨不可或缺的早餐之一，通常會搭配濃郁的咖啡享用。柬埔寨的三明治與越南法國麵包十分相似，但誰先發明的無從考證。這兩個相鄰的國家都曾是法國的殖民地，彼此之間肯定也會相互影響。這裡介紹的番茄醬醃沙丁魚三明治，在柬埔寨南西部接壤越南的下柬埔寨（Kampuchea Krom）地區非常受歡迎。

材料（1 人份） Recipe

【麵包】小圓法國麵包：1/2 個【餡料】煎番茄醬醃沙丁魚：2 條／辣椒切片：適量（依個人喜好）／醋漬紅白蘿蔔（p.268）：2 大匙／胡椒：少許【醬料】醬油：適量

Memo

沙丁魚煎過之後，再淋上原本用來醃沙丁魚的番茄醬汁，稍微煮一下。

Roti John ‖ 約翰麵包

煎蛋緊緊黏著麵包，怎麼吃都不會掉下來

約翰麵包是馬來西亞和新加坡街頭常見的煎蛋三明治。「Roti」的意思是麵包，而「John」則是指白人，即早期駐留東南亞的英國士兵。約翰麵包的作法有兩種：原味煎蛋的版本會將加了洋蔥和辣醬的蛋液直接倒在麵包上，然後用烤盤烤。另一種加了絞肉等其他配料的版本，一樣會先將肉加入蛋液混合，不過煎的時候是將蛋液直接倒入烤盤，並立刻蓋上麵包，這種巧妙的方法可以讓半熟蛋緊緊附著在麵包上，超出麵包部分的煎蛋再用鏟子翻折塞回去。

材料（1 人份） **Recipe**

【麵包】法棍：1/2 條【餡料】煎蛋：1 人份*

* 牛絞肉：40g ／洋蔥丁：1 顆／雞蛋：3 顆／參峇辣椒醬（sambal）：1 大匙／咖哩粉（依個人喜好）：1/2 小匙／鹽和胡椒：適量

Memo

參峇辣椒醬和咖哩粉需事先加入蛋液混合。如果覺得不夠辣，吃之前可以再加。

Kaya Toast

咖椰吐司

甜美的果醬、半熟的蛋黃、醬油，這種組合實在令人無法抗拒

咖椰吐司的主角正是用椰奶製作的「咖椰醬」（kaya）。不過這種醬也只有顏色像椰奶，感覺上更接近奶油。這款三明治的作法，就是將咖椰醬抹在吐司上。咖椰醬的材料基本上有椰奶、砂糖、雞蛋，但為了增添特殊的香氣，通常還會加入香蘭葉。這種葉子能賦予咖椰醬玫瑰般的甜美香氣。咖椰吐司的吃法很有亞洲特色：半熟水煮蛋的蛋黃淋上醬油，再用咖椰吐司沾蛋黃吃。這種組合有多美妙，吃過就知道。

材料（1 人份） Recipe

吐司：2 片／奶油：1 大匙／咖椰醬：2 大匙*／半熟水煮蛋：1 顆／醬油和白胡椒：適量

*（1 杯份）雞蛋：3 顆／砂糖：1 又 3/4 杯／椰奶：400ml／香蘭葉：3 片／水：1 大匙

Memo

製作咖椰醬時，請按照食譜排列順序加入各個材料，攪拌至溶解，然後隔水加熱至椰奶稍微帶點茶色，整體質地變濃稠即完成。

Paneer Tikka Kathi Roll

起司卡蒂捲

用印度代表性起司
製成的起司捲餅

印度大約有半數的人口吃素。即使不是素食主義者，也不常吃大魚大肉，因此當地餐廳一定有供應素食。卡蒂捲（kathi roll）原本包的是烤肉，但這裡改用印度起司（paneer）。很多素食主義者平常也會吃乳製品，也不是所有素食主義者都不吃蛋。印度料理大多會使用豐富的香料，而這款三明治相對來說比較簡單，不過依然充滿印度風味。

材料（1人份） Recipe

【麵包】印度煎餅（p.67）：4片 *1【餡料1】綜合香料起司：1/2杯 *2【餡料2】印度起司：1杯／洋蔥丁、青椒丁：各1/2杯／沙拉油：1大匙 ●將餡料1和餡料2混合，靜置10分鐘，再用沙拉油煎2分鐘左右【其他配料】加了1小匙查特瑪薩拉香料（p.296）的洋蔥圈：1杯

*1 全麥麵粉或麵粉：1杯／鹽：1/4小匙／沙拉油：2大匙／水：1/4杯／酥油：適量 ●將酥油以外的材料慢慢加水、混合，揉成麵團後，表面塗上一點油，蓋上保鮮膜靜置10分鐘左右。接著將麵團分成4等份，擀成圓餅狀。將平底鍋放到烤網上，乾煎麵餅兩面。待麵餅處處膨脹，便從平底鍋中取出，放在烤網上繼續烤至中央膨脹成圓頂狀，即可盛盤，並塗上酥油 *2 茅屋起司：1/2杯／辣椒粉：1小匙／薑黃粉：1/4小匙／薑蒜醬：1小匙／鷹嘴豆粉：1/2小匙／查特瑪薩拉香料（p.296）：3/4小匙／乾燥葫蘆巴葉（一種香草）：1/2小匙／葛拉姆瑪薩拉香料：3/4小匙／鹽：適量

Bread Pakora

炸三明治

三明治表面裹著
香脆的鷹嘴豆粉麵衣

Pakora 是油炸食物的總稱，我聽說日本的天婦羅和炸雞對印度人來說也可以如此稱呼。而將三明治裹上麵衣後油炸而成的食物，就稱作 bread pakora。這款三明治最值得關注的是麵衣，用的不是麵包粉，也不是麵粉，更不是太白粉之類的澱粉，而是鷹嘴豆粉。鷹嘴豆粉麵衣帶有堅果般的風味。辣中帶甜的番茄酸辣醬（p.139）和以芫荽籽為主要材料製作的印度青醬，能襯托印度起司淡雅的風味。

材料（1 人份） **Recipe**

【麵包】吐司：2 片【麵衣的材料】鷹嘴豆粉：250g ／辣椒粉：1 小匙／印度藏茴香籽（ajwain seeds）：1/2 小匙／鹽：適量／泡打粉：1/2 小匙／沙拉油：1 小匙／水：適量【餡料】印度起司切片：100g【醬料】番茄酸辣醬、印度青醬、查特瑪薩拉香料（p.296）：適量

Memo

吐司切邊後抹上兩種醬料，夾上起司片。印度藏茴香籽的味道類似八角、奧勒岡，香氣類似百里香。將麵衣的所有材料混合，裹住麵包後下鍋油炸，成品的口質有點像偏硬的天婦羅麵衣。如果鷹嘴豆粉調出來的麵糊太稀，有可能無法裹住麵包；不過太硬，吃起來的口感也不好，最恰當的稠度是比鬆餅麵糊再稀一點點。麵包裹好麵衣後，輕輕拎起，放入鍋中油炸。

Vada Pav ‖ 炸薯球包

炸薯球包是源自印度西部馬哈拉施特拉邦（Maharashtra）的素食三明治，也是該邦首府孟買的人氣速食之一。Vada 的意思是炸馬鈴薯球，Pav 則是印度的甜麵包。

材料（8 人份）　【麵包】拉蒂包（ladi pav）：8 個【餡料】乾蒜甜辣醬（dry garlic chutney）：適量／炸薯球：8 個 *

*[A] 沙拉油：1 大匙／芥末籽醬：1 小匙／咖哩葉：6 ～ 8 片／青辣椒末：2 根份、蒜泥：1 又 1/2 大匙、薑泥：1 大匙／馬鈴薯泥：1 又 1/2 杯／薑黃粉：1/2 小匙　[B] 鷹嘴豆粉：3/4 杯／薑黃粉：1/4 小匙／泡打粉：少許／沙拉油：1 小匙／鹽：適量　●先炒芥末籽醬、咖哩葉，再加入青辣椒、蒜泥、薑泥繼續炒，最後加入 A 的其他材料拌勻，放涼後沾上 B 的麵衣，下鍋油炸

Bombay Masala Cheese Toast Sandwich

‖ 孟買瑪薩拉起司烤三明治

瑪薩拉起司三明治是孟買人人喜愛的街頭小吃。當地知名景象之一，就是小販站在平坦的烤盤前，將麵包、起司、蔬菜層層堆疊成高高的三明治。這裡介紹的食譜有稍微精簡化，沒那麼豪邁，或許可以稱之為家庭版的孟買瑪薩拉起司烤三明治。

材料（5 ～ 6 人份）　【麵包】吐司：10 ～ 12 片【餡料】瑪薩拉香料馬鈴薯：1 杯（p.297）／洋蔥、番茄、青椒切片：適量／查特瑪薩拉香料（p.296）、孜然粉、黑鹽：少許／奶油：適量【醬料】番茄醬、印度青醬：適量

Khakra Chaat

查特脆餅

滿滿沙拉鋪在酥脆薄餅上

這是源自印度西部古吉拉特邦（Gujarat）的小吃。印度脆薄餅（khakra）在美國也不難買，只要到印度食材行就能找到，自己動手做也一點都不難。如果只是單純的餅皮，沒有添加其他材料，那麼只需用平底鍋將印度煎餅（p.67）烘脆即可。查特（chaat）是一種非常受歡迎的印度小吃，一般是由印度脆薄餅之類的餅皮搭配蔬菜、醬料和鷹嘴豆脆麵（sev，一種類似麥片的印度油炸零食）組成，而且絕對少不了查特瑪薩拉香料。這種綜合香料不只用於這道菜，也會用於各式各樣的料理中。

材料（5 人份） **Recipe**

【麵包】全麥印度脆薄餅：5 片【餡料】沙拉：1 又 1/4 杯＊／香菜碎：2 大匙／鷹嘴豆脆麵：1/2 杯

【醬料】

薄荷芫荽青醬（mint coriander chutney）：1/4 杯／椰棗醬（date chutney）：1/4 杯

＊豆芽菜：1/2 杯／洋蔥丁、番茄丁、小黃瓜丁：各 1/4 杯／查特瑪薩拉香料（p.296）：1/2 小匙／辣椒粉：1/4 小匙／孜然粉：1/2 小匙／檸檬汁：1/2 小匙

Memo

印度人會生吃豆芽菜，但在日本還是以燙過再吃的情況居多。新鮮的豆芽菜甜味十足，非常美味。

Dabeli

達貝里漢堡

觸動舌上所有味蕾的三明治

這款三明治也源自古吉拉特邦，是卡奇縣（Kutch）曼德維市（Mandvi）一間餐廳發明的，這間餐廳至今仍在營業。原始版本是使用漢堡包大小的麵包，夾著馬鈴薯泥、烤花生。達貝里瑪薩拉（dabeli masala）是這款三明治必備的材料，裡面混合了超過 10 種香料。此外，也少不了甜甜的羅望子椰棗醬（tamarind date chutney）與辣辣的芫荽蒜香醬（coriander garlic chutney）。

材料（12 人份） **Recipe**

【麵包】漢堡包：1 個【餡料】香料薯泥：3 大匙 *1／瑪薩拉香料花生：1 大匙 *2／乾燥石榴果肉：1 大匙／洋蔥末：適量／鷹嘴豆脆麵：適量【醬料】羅望子椰棗醬：1 大匙／芫荽蒜香醬：1 大匙
*1（12 人份）馬鈴薯泥：3 杯／沙拉油：1 大匙／達貝里瑪薩拉（p.296）：4 大匙／砂糖：1 小匙／鹽：適量 ●熱油，加入材料炒 3～4 分鐘 *2（12 人份）生花生：3/4 杯／沙拉油：2 小匙／黑鹽：1 小匙／辣椒粉：1 小匙／查特瑪薩拉香料（p.296）：1/2 小匙 ●烤花生，冷卻後去皮。熱油，加入所有材料拌炒 1 分鐘

Memo

若購買現成材料，三兩下就能完成。但如果自製麵包外的所有材料，就得花上一些時間。話雖如此，每個零件都有其必要，不能省略。

Jhatpat Aloo Roll ‖ 速成馬鈴薯卷

可以迅速完成的簡便馬鈴薯卷

Jhatpat aloo roll 中的「jhatpat」是烏爾都語，意思是迅速的；「aloo」則是馬鈴薯。顧名思義，這是用印度煎餅（roti）或印度烤餅（chapati）將馬鈴薯泥捲起來做成的簡便三明治。觀察其他食譜，也不難看出印度的素食料理少不了馬鈴薯，而這款三明治同樣是以馬鈴薯泥為主角，裡頭加了青辣椒醬和芫荽，所以整體呈淺綠色。這裡的芫荽不是指芫荽籽（香料），而是葉子的部分，講香菜大家應該比較熟悉。用少量的油加熱印度煎餅，然後依序放上醬料、餡料、配料再捲起來即可，當小點心也非常適合。

材料（6 人份） **Recipe**

【麵餅】印度煎餅：6 片（p.273）【內餡】香料薯泥：1 又 1/2 杯 * ／洋蔥末：3 小匙／查特瑪薩拉香料（p.296）：少許【醬料】羅望子椰棗醬：9 小匙／印度青醬：3 小匙

* 馬鈴薯泥：1 杯／青辣椒泥：1/2 小匙／查特瑪薩拉香料（p.296）：1/2 小匙／薑蒜醬：1/2 小匙／香菜（剁碎）：2 大匙／檸檬汁：1 小匙／用水沾濕的麵包：1 片／砂糖、鹽：少許／沙拉油（煎用）：適量

Memo

將所有內餡材料混合，捏成雪茄狀。平底鍋中加油、熱鍋，將內餡表面煎出焦痕。

Chole Kulche ‖ 鷹嘴豆咖哩餅

用麵餅夾起滿滿的鷹嘴豆素咖哩

鷹嘴豆咖哩（chole ／ chole masala）是印度北部相當普遍的素食咖哩。豆類是素食者重要的蛋白質來源，而營養的鷹嘴豆更是當地經常使用的豆類，不過其口感與風味有別於其他豆類，因此喜惡通常很兩極。印度發麵餅（kulche、kulcha）是一種發酵過的麵餅，與印度煎餅不同，有一點厚度，而且通常會在麵團裡加入各種蔬菜後再拿去烤，或是烤好後夾其他配料吃。小塊的發麵餅可以直接拿來製作，大塊的則需要切成三角形，再將鷹嘴豆咖哩舀上去，或者夾起來，就能大飽口福。

材料（2～4人份） **Recipe**

【麵包】印度發麵餅：2～4片【餡料】鷹嘴豆咖哩：2～2又1/2杯 *
* 乾燥鷹嘴豆：100g／沙拉油：5大匙／月桂葉：2片／洋蔥末：1顆份／薑蒜醬：2大匙／薑黃粉、孜然粉、辣椒粉：各1/2大匙／鷹嘴豆咖哩粉（p.296）：1大匙／羅望子果肉：2大匙／水：1杯

Memo

鷹嘴豆前一天先泡水備用。鍋中加油，油熱後放入月桂葉稍微炒香，加入洋蔥炒至淡棕色。接著加入香料，一旦油染上香料的顏色，立刻加入剩餘材料，煮至豆子變軟。

Malai Sandwich ‖ 乳酪球夾心餅

用新鮮起司夾鮮奶油的孟加拉甜點

這是一種用起司做的三明治，但不是裡面夾起司的三明治，而是用起司夾其他東西的三明治。牛奶碰到萊姆汁等酸性較強的物質時，會分離成白色固體和液體，固體部分就是所謂的凝乳，即各位熟知的新鮮起司、茅屋起司；液體部分則是乳清（whey），即乳清飲品和瑞可達起司的原料。而這款三明治用的是其中固態的凝乳，用法是熱水煮過後代替麵包。內餡則是印度甜點中常見的印度鮮乳酪（mawa、khoya），一種用牛奶製作的固體鮮奶油。

材料（8 人份） **Recipe**

【麵包】糖漿煮凝乳：12 ～ 16 塊 *【糖漿的材料】砂糖：2 又 1/4 杯／水：5 杯／芫荽籽（搗碎）：少許／玫瑰水：1 大匙【內餡】甜印度鮮乳酪:1/2杯／砂糖:3小匙／番紅花:少許（依個人喜好） ●將所有材料充分混合【裝飾】開心果片、薄荷葉：適量

* 牛奶：1000ml ／萊姆汁：適量／粗粒小麥粉：1 小匙／泡打粉：少許 ●將牛奶煮沸，慢慢加入萊姆汁，使牛奶分離成凝乳與乳清。用布過濾，取出凝乳，以清水沖洗過後擠出水份。接著將凝乳、粗粒小麥粉、泡打粉混合，充分搓揉至表面變得光滑。接著切分凝乳並捏成四方形，丟入煮滾的糖漿，以中火煮約 20 分鐘。熄火後靜置一陣子，然後取出放在盤子上

Kangaroo Burger

袋鼠漢堡

說到澳洲，就想到袋鼠；而說到袋鼠，就想到漢堡

澳洲有飼育食用袋鼠，所以超市也能買到袋鼠肉。袋鼠肉的特色在於蛋白質含量高、脂肪含量低，不過其他國家較難買到袋鼠肉，即使買得到也相當昂貴。我這裡用的袋鼠肉，在美國1磅（約450g）就要價20美元。澳洲人經常會用袋鼠肉替代牛肉；雖然很多人說袋鼠肉的風味比牛肉更為強烈，但也不至於令人反感，意外地沒什麼腥味。袋鼠肉有類似鹿肉的迷人野味，做成排餐可以享受到有別於牛排的獨特風味，至於做成絞肉、捏成漢堡排並淋上醬料，則會變得柔和許多。

材料（1人份） **Recipe**

【麵包】漢堡包：1個【餡料】袋鼠肉漢堡排：1個＊／切達起司片：1片／番茄片、紫洋蔥圈：適量／醋醃甜菜根切片：4片【醬料】美乃滋：適量

＊袋鼠絞肉：150g／洋蔥末：1大匙／孜然粉、乾奧勒岡、鹽、胡椒：各少許

VEGEMITE* Sandwich

維吉麥三明治

其他國家的人或許不清楚，但維吉麥可是澳洲人人愛的抹醬

只要上網搜尋維吉麥（VEGEMITE），就會看到一群笑臉盈盈的孩子，拿著塗滿維吉麥的麵包。這個咖啡色的東西別名澳洲的花生醬，備受全澳洲國民的喜愛。巧克力般的顏色、孩子的笑容、花生醬，種種描述不免令人聯想到能多益那般甜美的滋味。不過就好比現實一點也不甜美，維吉麥也不甜美，它是釀啤酒的副產品，原料是釀酒酵母萃取物。日本有所謂「旨味」（鮮味）一詞，而維吉麥的味道就是非常強烈的旨味。英國也有販售同樣的產品，名稱為馬麥醬（marmite）。

材料（1人份） **Recipe**

【麵包】吐司：1片【餡料】維吉麥：適量

*VEGEMITE 是 *Bega Cheese Limited* 的註冊商標

各種麵包的作法

丹麥黑麥麵包 *Rugbrød*

（p.106,107）

這是丹麥代表性的黑麥麵包，北歐各國也有類似的麵包，當地的開放式三明治就是用這種麵包切片製成。這種麵包的麵團較軟，是公認非常難烤的麵包之一。

材料（2 條份）

【起種】

黑麥麵粉：250g ／水：400ml ／鹽：1 小撮／蜂蜜：2 大匙／優格：2 大匙

（3 天後，每隔 1 天或 2 天加入各 1 大匙的黑麥麵粉和水）

【麵團】

第 1 天　起種：500g ／磨碎的黑麥種子：80g ／磨碎的小麥：80g ／亞麻籽：80g ／葵花籽：80g ／高筋麵粉：250g ／溫水：500ml ／鹽：1 大匙／蜂蜜：1 大匙

第 2 天　黑麥麵粉：1100g ／鹽：3 大匙／蜂蜜：1 大匙／水：900ml

作法

起將起種的材料加入盆中，蓋上保鮮膜，上面戳幾個洞讓酸種麵團可以呼吸，就這麼靜置 2 天。第 3 天加入各 1 大匙的黑麥麵粉和水並且拌勻，此後每隔 1 天或 2 天重複一次。發酵狀況與環境氣溫息息相關，比較溫暖的環境下，起種大約只需要 5 天就會起泡，這時就可以開始製作麵包了。

將第 1 天的材料放入另一個盆中，充分攪拌後，蓋上濕布靜置 1 天。接著將第 1 天的麵團和第 2 天的材料混合，揉捏約 10 分鐘。由於麵團非常鬆弛，可能很難用手揉，建議使用刮刀。另外留下 500g 的麵團，用塑膠容器裝起來放冰箱保存，作為下次做麵包用的起種；記得偶爾加一些麵粉進去。

烤模塗上沙拉油，倒入麵團，蓋上濕布，二次發酵約 4 ～ 6 小時。請留意發酵狀況，因為它不會像一般麵包膨脹得那麼明顯。接著用 170℃ 的烤箱烤約 1 小時 30 分鐘。麵團狀態會影響烘烤時間，所以記得進烤箱 1 個小時後檢查一下狀況，再調整後續的烘烤時間。出爐後脫模，再放回烤箱烤 5 分鐘，讓水份蒸發。

灰麵包 *Graubrot*

(p.30,102,103)

灰麵包是德國人最常吃的黑麥麵包之一，麵粉的含量多於丹麥黑麥麵包，因此麵團發酵時的膨脹狀況較明顯，製作上相對容易一些，只需要留意麵團的硬度（比普通麵包硬一些）。

材料（1、2 條份）

【起種】
全麥麵粉：1 杯／水：1 杯

【麵團】
起種：挖走 1 杯後剩下的量／黑麥麵粉：4 杯／高筋麵粉：3 杯／葛縷子：1/4 杯／玉米粉：適量

作法

將各半杯的全麥麵粉和水加入盆中，攪拌均勻。蓋上保鮮膜，上面戳幾個洞，靜置 1 天。接著加入剩餘的麵粉和水，拌勻後再靜置 1 天。從這個起種中取出 1 杯的量，留起來下次做麵包時使用，只要偶爾加一些麵粉，可以保存長達 2 週。

將其他材料全部加入盆中，揉捏約 10 分鐘。不必像製作一般麵包時那樣將麵團揉到表面光滑，做好的麵團也會比一般麵包硬。將麵團整理成圓形，放入抹了沙拉油的盆中，蓋上保鮮膜發酵 3 ～ 4 小時。接著將麵團分成一半，各自搓成圓形或橢圓形。也可以不分切麵團，做成較大的麵包。板子上鋪好烘焙紙，撒上玉米粉，將搓圓的麵團放上去，蓋上濕布，二次發酵約 2 小時。

烤箱預熱 220℃。麵團表面劃上十字或斜線，烤 15 分鐘。然後將烤箱溫度調降至 200℃，再烤 40 分鐘。麵團的狀態會影響烘烤時間，因此需每 30 分鐘檢查一次。只要敲打表面時聽到酥脆的聲音就差不多了，此時中心溫度會略低於 100℃。

各種麵包的作法

馬夫雷塔 *Muffoletta*

(p.57,58,155)

義大利西西里經常用這種皮薄內軟的麵包製作三明治，美國的摩夫拉塔基本上也是同一種麵包。製作時，依喜好做成不同大小也很有趣。

材料（4～6顆份）

溫水：250ml／乾酵母：2小匙／鹽：10g／
瑪里托巴麵粉（manitoba）（或用高筋麵粉＋高筋麵粉10%的小麥蛋白粉）：250g／
粗磨小麥粉（或用低筋麵粉）：250g／蜂蜜：2小匙／麥芽糖或糖蜜：5g／
沙拉油：1/4杯／白芝麻：適量

作法

將酵母加入溫水，攪拌後靜置15～30分鐘。將瑪里托巴麵粉、粗磨小麥粉和鹽加入盆中混合，中央挖一個坑，將白芝麻以外的材料和加了酵母的溫水一同倒入，揉成麵團。工作台上撒上一些麵粉，揉麵約30分鐘，直到麵團變得光滑。

將麵團揉成圓球狀，放入撒了麵粉的盆子，蓋上保鮮膜進行第一次發酵，靜置約1小時或麵團膨脹至兩倍大小。將麵團移到撒了麵粉的工作台上再揉一下，然後分成4～6份，搓成漂亮的圓形。也可以不分切，做成較大的麵包。

將麵團移到鋪了烘焙墊的烤盤上，刷子沾水刷在每顆麵團表面，然後撒上芝麻。蓋上濕布，進行二次發酵，直到麵團膨脹成兩倍大小。用200℃的烤箱烤約10～15分鐘，表面帶金棕色即可出爐。

普恰 *Puccia*

(p.59)

普恰源自義大利南部普利亞地區，有幾種類型，最廣為人知的是加了橄欖的普恰；而不含任何配料的原味版本最適合用來製作三明治。也可以用市售披薩麵團代替。

材料（4 顆份）

溫水：150ml／乾酵母：2 小匙／ 00 號或 00 號＋粗磨小麥粉：250g ／
麥芽糖或糖蜜：1 小匙／特級初榨橄欖油：25g ／
鹽：1/2 小匙／白芝麻：適量（依個人喜好）

作法

將酵母加入溫水，攪拌後靜置 15 ～ 30 分鐘。將麵粉過篩加入盆中，再加入其他材料和泡酵母的溫水，揉成麵團。在工作台上撒上一些麵粉，揉麵約 30 分鐘，直到麵團變得光滑。將麵團整理成圓形，放入撒了麵粉的盆中，蓋上保鮮膜進行第一次發酵，大約 1 小時或麵團膨脹至兩倍大小為止。

在撒了麵粉的工作台上稍微揉一下麵團，然後分成 4 等份，搓成漂亮的圓形。用手掌將麵團的所有皺摺往底部收，這樣上面看起來就會很平滑。底部的皺摺像包水餃一樣用手指頭捏平。接著替麵團蓋上濕布，進行二次發酵至麵團膨脹成兩倍大小。用 250℃ 的烤箱烤約 15 分鐘，直到表面呈現金棕色即可出爐。

各種麵包的作法

聖約翰蛋糕 *Coca de San Juan*

聖約翰蛋糕來自西班牙加泰隆尼亞地區，屬於一種糕點，尺寸超過 30cm。原始的聖約翰蛋糕內含卡士達醬；而另一種單稱寇卡（coca）的麵包吃起來不甜，這種麵包添加了 10% 的麥麩，且用水取代牛奶、用橄欖油取代奶油、用芝麻代替松子。甜味材料僅有少許砂糖。

（p.88）

材料（1 個份）

牛奶：100ml／乾酵母：2 小匙／高筋麵粉：400g／砂糖：100g／鹽：1 小撮／檸檬和橙皮屑：各 1 顆份／放軟的無鹽奶油：80g／雞蛋：2 個／橙酒：1 大匙；或橙花水 1 小匙；或波特酒 1 大匙＋柳橙香精 1 小匙／糖漬柳橙：8 ～ 10 片／松子：適量／糖粉：1 大匙

作法

將牛奶加熱至約 40℃，加入乾酵母混合，靜置 15 ～ 30 分鐘。將過篩後的高筋麵粉、糖、鹽加入盆中，中央挖一個坑，倒入泡酵母的牛奶，以及糖漬柳橙、松子、糖粉以外的其他材料，揉成稍微黏手的麵團。

工作台撒上麵粉，將麵團揉至表面變得光滑，然後搓成圓形，放入抹了沙拉油的盆子，蓋上保鮮膜進行第一次發酵，直到麵團變成兩倍大。工作台撒上麵粉，將麵團搓成橢圓形，再移至撒了麵粉的烤盤，此時麵團的厚度約為 5cm。蓋上濕布進行二次發酵，靜置約 1 小時或待麵團膨脹至兩倍大。

烤箱預熱 180℃，烤箱預熱期間，用刷子沾水或牛奶（額外的份量）塗抹麵團表面，放上糖漬柳橙和松子裝飾，建議稍微往麵團裡面塞。最後整體撒上糖粉，烤約 20 ～ 30 分鐘。拿刀子等工具刺進最厚的部分，然後立即拔出，若沒有沾黏東西，再馬上放到舌頭上，感覺溫熱即可出爐。

繆卡卡＆霍奴卡卡 *Mjukkaka & Hönökaka*

提到麵餅，大家可能會先聯想到皮塔口袋餅或墨西哥薄餅，不過麵餅可不是拉丁美洲和中東的專利，亞洲也有很多種麵餅，例如日本的大阪燒也是一種麵餅型態的三明治。歐洲也不例外，尤其北歐人很久以前就有食用麵餅的習慣，代表性的例子如瑞典的繆卡卡和霍奴卡卡，下方照片為繆卡卡。

（繆卡卡：p.99；霍奴卡卡：p.101）

材料

【繆卡卡（4～6片份）】牛奶：300ml／乾酵母：2又1/4小匙／黑麥麵粉：2杯／高筋麵粉：2杯／放軟的無鹽奶油：25g／糖漿：1大匙／鹽：1/2小匙

【霍奴卡卡（3～5片份）】牛奶：250ml／乾酵母：2小匙／黑麥麵粉：3/4杯／高筋麵粉：2杯／泡打粉：1小匙／放軟的無鹽奶油：25g／糖漿：1大匙／鹽：1/4小匙

作法

將牛奶加熱至約40℃，加入乾酵母拌勻，靜置15～30分鐘。將過篩好的粉類材料和鹽加入盆中，再加入奶油、泡酵母的牛奶，以及糖漿，攪和至看不見粉粒，然後蓋上保鮮膜，讓麵團進行第一次發酵約1小時或膨脹至兩倍大。

工作台撒上麵粉，放上麵團。繆卡卡的麵團分成4～6等份，霍奴卡卡的麵團則分成3～5等份。將每份麵團擀成圓形，繆卡卡的直徑約14cm，厚度約1cm；霍奴卡卡的直徑約15cm，厚度約5～6mm。接著蓋上濕布，讓麵團二次發酵約1小時或膨脹至兩倍大。

用叉子在麵團表面各處戳洞，避免烘烤時過度膨脹。將麵團挪到鋪著烘焙墊的烤盤上，放入預熱250℃的烤箱，繆卡卡烤6～9分鐘，霍奴卡卡烤約3～5分鐘。

各種麵包的作法

塔夫頓 *Taftoon*

（p.134）

塔夫頓源自伊朗，也見於巴基斯坦等國家。塔夫頓與其他中東的麵餅不同，加了優格、薑黃和牛奶，因此滋味更加豐富；芝麻和黑種草籽的香氣也很吸引人。

材料（3～5 片份）

牛奶（約 40 度）：75ml ／乾酵母：2 小匙／砂糖：1 小匙／泡打粉：1 小匙／麵粉：180g ／希臘優格：80g ／沙拉油：1/2 大匙／薑黃粉：1/4 小匙／鹽：1/2 小匙／黑種草籽：適量／白芝麻：適量

作法

將酵母與砂糖加入牛奶，拌勻後靜置 15 ～ 30 分鐘。將過篩好的麵粉與泡打粉加入盆中，再加入牛奶、希臘優格、沙拉油、薑黃粉和鹽，搓揉成團。將麵團移到撒了麵粉的工作台，再揉 10 分鐘左右，直到麵團表面變光滑。將麵團放回盆中，蓋上保鮮膜發酵約 1 小時，直到體積膨脹為兩倍大。

將麵團分成 3 ～ 5 顆小球， 成長方形。擀到厚度略薄於 1cm，撒上黑種草籽和芝麻，接著繼續 至約 5mm 厚的程度。將烤網或烤盤直火加熱，烘烤麵餅兩面。

伊拉克菱形麵包 *Samoon*

(p.138)

這種兩端用手指捏尖、形狀奇特的麵包源自伊拉克，有的有芝麻，有的沒有芝麻。通常會直接拿來吃，不過因為它本身風味單純、樸素，所以也非常適合用來製作中東在地與世界各地的三明治。

材料（4～6個份）

牛奶：1/2杯／水：1/4杯／乾酵母：2小匙／砂糖：1小匙／高筋麵粉：2杯／麥麩：1/4杯／鹽：1/2小匙／沙拉油：1大匙／白芝麻：1大匙／蛋液：1顆（刷在表面）

作法

將牛奶和水混合，加熱至約40℃，加入乾酵母和砂糖，靜置15～30分鐘。將過篩好的高筋麵粉、麥麩、砂糖和鹽加入盆中，混合均勻。中央挖一個坑，倒入混合好的水和牛奶以及沙拉油。手上沾點油，揉麵約10分鐘。

蓋上保鮮膜，讓麵團進行第一次發酵約1小時，直到麵團膨脹為兩倍大。用拳頭擠壓麵團排氣，然後分成4～6等分，每塊小麵團延展成約15～20公分的橢圓形，並將兩端捏尖，做成菱形。然後刷上蛋液，撒上白芝麻。

麵團蓋上濕布，進行二次發酵約1小時，直到麵團膨脹至兩倍大。烤箱預熱250℃，烤箱下層放一個空的烤盤。將麵團挪到撒了麵粉的烘焙墊上，用鋒利的刀或剃刀劃上幾道刀痕。放著麵團的烤盤進烤箱後，裝1杯冰塊倒入空的烤盤，立即關上烤箱，烤約15～18分鐘，直到表面呈金黃色。

各種麵包的作法

塞米塔 *Cemita*

（p.193）

塞米塔類似布里歐許，這個食譜也可以用來製作類似布里歐許的麵包。塞米塔的材料包含大量的蛋和奶油，味道相當濃郁，直接吃就很好吃。

材料（6個份）

重鮮奶油：230g／雞蛋：3顆／鹽：1/2小匙／高筋麵粉：350g／乾酵母：2小匙／砂糖：3大匙／粗鹽：適量／白芝麻：適量

作法

將鮮奶油、2顆蛋以及鹽巴混合備用。將麵粉、酵母、砂糖加入盆中混合均勻，中央挖一個坑，倒入混合好的鮮奶油與蛋，揉成麵團。接著將麵團移到撒了麵粉的工作台上，繼續揉約20分鐘，直到表面變得光滑。這種麵團的質地偏軟。

將麵團放入塗了油的盆中，蓋上保鮮膜，讓麵團進行第一次發酵至1.5倍大。接著將麵團放到撒了麵粉的工作台上，分成6等份，各自搓成漂亮的球狀。接著將麵團移到撒了麵粉的烘焙墊上，蓋上濕布，進行二次發酵約1小時，直到麵團膨脹為兩倍大。

烤箱預熱250℃。每顆麵團刷上蛋液，撒上粗鹽與芝麻。麵團進烤箱，烤約15分鐘，直到表面呈現漂亮的焦色。由於材料中含有較多蛋，容易燒焦，需要隨時觀察烘烤狀況。

古巴甜麵包 & 馬略卡
Cuban sweet bread & Mallorca

（古巴甜麵包：p.204、馬略卡：p.200,201）

顧名思義，古巴甜麵包來自古巴。至於馬略卡則是來自波多黎各。兩者都是用大量的蛋和奶油做成的甜麵包，即使不夾任何東西，也可以直接當甜點或糕點吃。而且馬略卡麵包在烘烤之前還會多上一次奶油，因此口感和風味都很像派皮。古巴甜麵包通常為細長狀，但也可以做成類似漢堡包的圓形。

材料（4～6個份）

溫水（約40℃）：60ml／乾酵母：2小匙／高筋麵粉：2又1/2杯／鹽：1/2小匙／砂糖：4大匙／牛奶：90ml／放軟的奶油：6大匙／雞蛋：2顆／糖粉：適量（僅用於馬略卡）

作法

將酵母加入溫水，拌勻後靜置15～30分鐘。將高筋麵粉、鹽、砂糖加入盆中混合，中央挖一個坑，倒入泡著酵母的溫水、牛奶、4大匙的奶油和蛋，手揉約5分鐘，揉成麵團。

將麵團移到撒了粉的工作台上，繼續揉至表面光滑且具有彈性；此時麵團會稍微黏手。將麵團放入塗了奶油的盆中，讓麵團進行第一次發酵約1小時，直到麵團膨脹為兩倍大。

將麵團移到撒了粉的工作台上，分成4～6等分。如果要做古巴甜麵包，將麵團捏成有一點厚度的橢圓形；若要做馬略卡麵包，則將麵團捏成寬2cm、厚5～8mm的長條狀，每塊麵團再刷上剩餘的2大匙奶油。

將每條麵團捲成螺旋狀，蓋上濕布進行二次發酵1小時。用200℃的烤箱烤約15分鐘，直到表面呈現金黃色。製作馬略卡麵包時，待麵包冷卻後還要撒上糖粉。

各種麵包的作法

玉米餅 *Arepa*

(p.226,228)

即使不用酵母或泡打粉，也能做出美味的麵包，比如哥倫比亞和委內瑞拉常吃的玉米餅。這個食譜也可以做出有點厚度、裡面包著起司的墨西哥薄餅。只要準備好材料，剩下的一點都不困難。

材料（6～8 個份）

熱水：1/2 杯／奶油：1 大匙／加水溶解的玉米粉：2 杯／水：1 又 1/2 杯

鹽：1 小匙／葛瑞爾或莫札瑞拉起司（剁碎）：125g

作法

將奶油丟入熱水融化備用。將玉米粉和鹽加入盆中混合，中央挖一個坑，倒入水和加了奶油的熱水，用木製刮刀等器具攪拌均勻，然後讓麵團靜置約 5 分鐘。之後加入起司，用手充分揉捏、拌勻，然後將麵團分成 6～8 等份。

若要製作哥倫比亞式的玉米餅，將麵團做成直徑 10～15cm、厚度 6～8mm 的圓餅狀；若要製作委內瑞拉式的玉米餅，麵團則要大上一圈，厚度則約 1～1.5cm。將麵團放入平底鍋，開中火煎烤兩面至表面帶有類似英式瑪芬的焦色即可。製作委內瑞拉式的玉米餅時，需要花一點時間用小火煎烤，只要用牙籤穿刺時沒有黏到生麵團，就代表烤熟了。

馬拉凱塔 *Marraqueta*

(p.240,241,242)

馬拉凱塔源自智利，雖然外型特殊，但味道和口感都非常類似法國麵包。這種麵包剛出爐時最美味；即使冷掉，只要吃之前稍微將表皮烤酥，就能恢復剛出爐時的美味。

材料（8 個份）

温水（約 40℃）：1 杯／乾酵母：2 小匙／高筋麵粉：3 又 1/2 杯／鹽：1 小匙

作法

將酵母加入温水靜置 15 分鐘。將所有材料混合成團，工作台上撒麵粉，將麵團揉表面光滑且有彈性。接著將麵團放入塗了油的盆中，進行第一次發酵約 1 小時，直到麵團膨脹至兩倍大。接著排出麵團內的空氣，分成 16 等份的球狀，將 2 顆麵團黏在一起，稍微壓垮。將麵團挪到塗了油的烘焙墊上，蓋上撒了粉的布，讓麵團二次發酵約 1 小時，直到麵團膨脹至兩倍大。烤箱預熱 200℃，下層放一個空的烤盤。拿擀麵棍按壓麵團，壓出幾乎可以將麵團一分為二的凹槽。接著將麵團放入烤箱，裝 1 杯冰塊倒入空的烤盤後關上烤箱，烤約 15～20 分鐘，直到表面呈現金黃色即可出爐。

三明治的醬料與調味料

【蒜香美乃滋】（p.179、p.190）
蛋黃：1 顆／檸檬汁：2 小匙／第戎芥末醬：1 小匙／蒜末：2 瓣份／特級初榨橄欖油：1/4 杯／鹽：適量
●將橄欖油與鹽以外的材料加入盆中，用打蛋器混合，然後邊攪拌邊慢慢加入橄欖油。最後再加鹽調味。

【阿珠塔卡士達醬】（p.128）
牛奶：1 杯／重鮮奶油：1/2 杯／砂糖：1 大匙／切邊吐司：2 片／玉米澱粉或太白粉：4 小匙／橙花水：1 大匙／玫瑰水：1 大匙
●用 1/4 杯牛奶溶解玉米澱粉備用。將牛奶、重鮮奶油、砂糖倒入醬汁鍋，煮滾後加入撕碎的吐司，用打蛋器攪拌至完全溶解。接著邊攪拌邊加入溶解了玉米澱粉的牛奶，煮滾一次。

【克里歐羅辣椒醬】（p.227）
青辣椒：4 條／香菜（切末）：1/2 杯／水：1/2 杯／蒜頭：3 瓣／萊姆汁：1 顆份／洋蔥末：3 大匙／鹽：適量
●將洋蔥和鹽以外的所有材料打成糊後倒入盆中，再加入洋蔥和鹽，用湯匙等器具拌勻。

【阿富汗菠菜優格醬】（p.139）
希臘優格：1/4 杯／菠菜（大致切碎）：1 杯／洋蔥切片：1 顆份／蒜末：2 瓣份／特級初榨橄欖油：2 大匙

【荷蘭醬】（p.159）
蛋黃：2 顆／檸檬汁：1/2 大匙／融化的無鹽奶油：50g／辣椒粉：1 小撮／鹽：適量

【橙花玫瑰糖漿】（p.128）
砂糖：2/3 杯／水：1/2 杯／檸檬汁：1 大匙／橙花水、玫瑰水：各 2 小匙
●將水和砂糖倒入醬汁鍋，以中火加熱並不斷攪拌，煮到有點稠度。接著加入橙花水和玫瑰水，再邊攪邊煮幾分鐘。離火後加入檸檬汁，放涼。

【老灣調味粉】（p.184）
鹽：2 小匙／卡宴辣椒粉：1 小匙／大蒜粉：1 小匙／紅椒粉：1 小匙／奧勒岡：1/2 小匙／百里香：1/2 小匙／胡椒：適量／洋蔥粉：1/2

【蒜香優格醬】（p.35、p.141）
蒜頭：2 瓣／希臘優格：1/2 杯／檸檬汁：1 大匙／平葉巴西里（剁碎）：1 大匙／鹽和胡椒：適量

【酪梨醬】（p.166、p.211）
酪梨泥：4 顆份／檸檬汁：2 顆份／奧勒岡：1/2 小匙／平葉巴西里（切末）：2 大匙／洋蔥末：1/2 顆份／鹽和胡椒：適量

【酪梨蘸醬】（p.225）
酪梨泥：2 顆／青椒末：1 顆份／青辣椒：1/2 條／蒜末：3 瓣份／洋蔥末：1/2 顆份／特級初榨橄欖油：1 大匙／香菜（切末）：1/4 杯／鹽和胡椒：適量
●將所有材料放入盆中拌勻。如果希望質地綿密一點，可以用果汁機打。

【加勒比海青醬】（p.224）
青蔥或蝦夷蔥、西洋芹、香菜（均切末）：各 2 大匙／新鮮百里香：1 大匙／新鮮羅勒（切末）：4 大匙／馬鬱蘭（切末）：1/2 大匙／龍蒿（切末）：1/2 小匙／迷迭香（切末）：1/2 小匙／洋蔥末：2 大匙／蒜末：1 大匙／蘇格蘭圓帽辣椒：3 顆／鹽：1 小匙
●用果汁機將所有材料打至細碎。

【綠莎莎醬】（p.197、p.215）
綠番茄：7 顆／洋蔥：1/2 顆／蒜頭：1 瓣／塞拉諾辣椒或哈拉佩尼奧辣椒：4 顆／鹽：適量／水：適量
●將所有材料放入鍋中，加入足以淹過所有材料的水，煮至番茄變軟。將煮熟的蔬菜倒入果汁機，攪打成細滑的狀態。

【葛瑞爾起司醬】（p.78）
法式酸奶油：200ml／葛瑞爾起司絲：4 大匙
●用醬汁鍋加熱法式酸奶油，再加入起司攪拌至融化混合。

【希臘黃瓜優格醬】（p.125）
黃瓜泥：1 根份／希臘優格：1 杯／白酒醋：1 小匙／檸檬汁：1 大匙／蒔蘿（切末）：1 大匙／特級初榨橄欖油：1 大匙／鹽和胡椒：適量

【巴西里莎莎青醬】（p.58、p.67）
油漬鯷魚片（切末）：3 片份／白酒醋：50g／蒜末：2 瓣份／酸豆（切末）：2 大匙／特級初榨橄欖油：100g／切邊吐司（撕成小塊）：80g／平葉巴西里（切末）：120g／水煮蛋的蛋黃（搗碎）：2 顆份／胡椒：適量
●麵包用醋泡軟，再加入所有材料拌勻。

【克里奧爾莎莎醬】（p.232）
紫洋蔥切片：1/4 顆份／青椒切片：1/2 顆份／平葉巴西里（切末）：1/4 杯／萊姆汁：1 顆份／特級初榨橄欖油：2 大匙／鹽：適量

【紅莎莎醬】（p.195）
罐頭番茄：3 顆／烤過、去皮的迪阿波辣椒（de arbol）：5 條／洋蔥：1/4 顆／蒜頭：1 瓣／奧勒岡：1 小匙／鹽和胡椒：適量
●將所有材料放入果汁機，攪打成細滑的狀態。

三明治的醬料與調味料

【薩莫瑞達醬】（p.88）
蒜頭（切半）：6 瓣份／罐頭番茄（切塊）：3 顆份／諾拉甜椒乾：4 顆／煙燻西班牙紅椒粉：1 小匙（非必要）／橄欖油：3 大匙／鹽：適量
●諾拉甜椒乾泡熱水 30 分鐘，去蒂、去籽後切成絲。用橄欖油炒大蒜和甜椒乾，油開始變色時加入番茄和鹽。將所有材料倒入果汁機，攪打成糊。

【牙買加煙燻香料】（p.208、p.209）
多香果粉、百里香、鹽、胡椒、砂糖：各 1 小匙／大蒜粉、辣椒粉：各 1/2 小匙／肉桂粉、肉豆蔻粉：各 1/4 小匙

【甜辣醬】（p.187）
白酒醋：1/4 杯／紅糖：1 大匙／辣椒粗片：1 小匙／蒜末：1 瓣份／鹽和胡椒：適量

【甜熱狗芥末醬】（p.27）
杏桃果醬：1 大匙／第戎芥末醬：1 大匙／芥末籽醬：2 小匙／黃芥末粉：1 小撮／乾燥巴西里：1 小匙

【芝麻淋醬】（p.250）
中東芝麻醬：1 杯／蒜泥：2 瓣份／孜然粉：1 小匙／鹽：1 小匙／檸檬汁：1/2 杯／水：1 杯
●將水以外的材料倒入盆中，充分攪拌。接著慢慢加水，同時用打蛋器攪拌成糊狀。

【芝麻沾醬】（p.135、p.142）
中東芝麻醬：1/2 杯／蒜頭：2 瓣／檸檬汁：1/3 杯／水：1/4 杯／特級初榨橄欖油：1/4 杯／香菜（切末）：1 大匙／平葉巴西里（切末）：1 大匙／孜然粉：1/4 小匙／鹽：1/2 小匙
●將所有材料倒入果汁機，打成糊狀。

【達貝里瑪薩拉】（p.278）
丁香：4 粒／茴香籽、黑胡椒粒、芫荽籽：各 1/2 小匙／朝天椒：4 根／八角：2 顆／月桂葉：1 片／綠豆蔻籽：2 粒／肉豆蔻粉：1/4 小匙／薑泥：1/2 小匙／薑黃粉：少許
●將所有材料加入食物調理機，打成粉狀。

【雞肉沙威瑪香料】（p.250）
孜然粉：2 小匙／紅椒粉：2 小匙／多香果粉：1 小匙／薑黃粉：3/4 小匙／大蒜粉：1/4 小匙／肉桂粉：1 小匙／卡宴辣椒粉：1 小撮／鹽和胡椒：適量

【阿根廷青醬】（p.236）
平葉巴西里（切末）：1/2 杯／蒜末：4 瓣份／青蔥末或蝦夷蔥末：1/2 杯／辣椒粗片：1 小匙／奧勒岡：1/2 小匙／紅酒醋：2 大匙／檸檬汁：1 大匙／特級初榨橄欖油：1/2 杯／鹽和胡椒：適量

【查特瑪薩拉香料】（p.139、p141、p.273、p.275、p.276、p.277、p.278、p.279）
孜然籽：1/4 杯／黑胡椒粒：1 大匙／乾薄荷：1 小匙／薑粉：1/2 小匙／芒果粉：1/4 杯／黑鹽：2 大匙／鹽：1 大匙／阿魏（asafoetida，一種蒜味香料）：1/2 小匙
●孜然籽乾炒過後冷卻。將孜然、黑胡椒、乾薄荷、阿魏倒入調理機打成粉，然後加入其他材料充分混合。

【鷹嘴豆咖哩粉】（p.280）
乾燥石榴籽：1 大匙／芫荽籽：3 大匙／孜然籽：1 大匙／綠豆蔻籽：2 小匙／黑胡椒粒：2 小匙／丁香：2 粒／肉桂：1 根／辣椒粉：1 小匙／黑鹽：1 小匙
●將石榴籽、芫荽、孜然粉乾炒出香氣，冷卻後將所有材料放入食物調理機，打成粉狀。

【優格青醬】（p.141）
薄荷：1 杯／香菜：1/4 杯／羅望子果肉：1/4 杯／青辣椒：2 根／砂糖、鹽：各 1 小匙／查特瑪薩拉香料：2 小匙（p.296）／優格：1 杯

【刺芹醬】（p.224）
刺芹葉或香菜（切末）：4 大匙／平葉巴西里（切末）：4 大匙／蘇格蘭圓帽辣椒末或哈拉佩尼奧辣椒末：1 小匙／青蔥末或蝦夷蔥末：1 大匙／蒜末：2 瓣份／萊姆汁：4 大匙／鹽：適量
●將所有材料加入果汁機稍微混合。

【秘魯辣椒醬】（p.232）
秘魯辣椒（aji amarillo）：6 顆／沙拉油：1 大匙
●用果汁機打成抹醬狀。

【辣豆醬】（p.166）
牛絞肉：450g／洋蔥末：1 顆份／蒜末：1 瓣份／哈拉佩尼奧辣椒末：1 大匙／番茄（切小塊）：400g／牛肉清湯：400g／番茄醬汁：200g／孜然粉：1 小匙／罐頭菜豆或喜歡的豆子：450g／鹽和胡椒：適量
●先炒絞肉、洋蔥和蒜末，再加入其他材料小火慢煮

【蒔蘿芥末醬】（p.167）
黃芥末醬：1/2 杯／醃黃瓜（切末）：1/4 杯／洋蔥末：1/4 杯／蒔蘿（切末）：1 大匙

【蒔蘿優格醬】（p.138）
希臘優格：1 杯／檸檬汁：2 大匙／蒔蘿（切末）：1/2 杯／蒜末：1 瓣份／鹽：適量

【杜卡醬】（p.246）
榛果：1 杯／芫荽籽：2 大匙／孜然籽：2 小匙／鹽：1/4 小匙／胡椒：1/8 小匙
●將所有材料加入食物調理機，稍微攪打至榛果變成小顆粒即可。

【番茄醬料】（p.214）
香菜：1/4 杯／青椒：1/8 顆／青蔥：1/2 支／伍斯特醬、黃芥末醬：各 2 小匙／酸豆：1/2 小匙／多香果粉：1 小撮／番茄：2 顆
●將所有材料加入果汁機打勻，煮至份量減半

【多明尼加調味料】（p.206）
乾燥巴西里：2 大匙／百里香：1 大匙／乾燥香菜：2 大匙／洋蔥粉：4 大匙／大蒜粉：1 大匙／鹽：2 大匙／胡椒：1 大匙
●將所有材料加入食物調理機，稍微混合。

【義式起司醬】（p.61）
重鮮奶油：1/3 杯／帕瑪生火腿或聖丹尼爾生火腿（切末）：30g／帕馬森起司絲：1 大匙／鹽和胡椒：適量／肉豆蔻粉：少許／平葉巴西里（切末）：1 大匙

【鷹嘴豆泥】（p.135、p.138、p.170）
罐頭鷹嘴豆：1 又 1/2 杯／中東芝麻醬：4 大匙／萊姆汁：1 顆份／蒜頭：1 瓣／鹽：1/2 小匙／希臘優格：2 大匙／特級初榨橄欖油：適量／鹽膚木粉：適量
●將橄欖油與鹽膚木以外的材料加入果汁機打成泥，取適量盛盤，淋上橄欖油，撒上鹽膚木粉。

【法式伯那西醬】（p.51）
無鹽奶油：炒料用 1 大匙、醬汁用 1 杯／紅蔥頭末：3 大匙／白酒醋：2 大匙／鹽和胡椒：適量／檸檬汁：1 大匙／新鮮龍蒿（剁碎）：1 大匙

【瑪薩拉香料馬鈴薯】（p.276）
沙拉油：2 小匙／芥末籽、孜然籽：各 1/2 小匙／咖哩葉：6～8 片／馬鈴薯泥：1 杯／水煮青豆：1/4 杯／薑黃粉：1/4 小匙／青辣椒泥：1 小匙／香菜（剁碎）：少許／鹽：適量
●先用油將芥末籽、孜然和咖哩葉炒香，再加入其他材料拌勻。

【芒果莎莎醬】（p.208）
芒果丁：1 顆份／紫洋蔥末：1/4 顆份／香菜（切末）：2 大匙／萊姆汁：1/2 顆份／辣醬：適量／鹽：適量

【薄荷優格醬】（p.251）
希臘優格：1/2 杯／檸檬汁：1 大匙／薄荷（切末）：2 大匙／蒜末：1 瓣分

【莫霍醬】（p.201）
萊姆汁：1/3 杯／柳橙汁：1/3 杯／橄欖油：1/2 杯＋1 大匙／香菜（切末）：1/4 杯／蒜末：4 瓣份／刨下來的橙皮：1 小匙／奧勒岡：1 小匙／孜然粉：1 小匙／鹽和胡椒：適量
●用 1 大匙的橄欖油將蒜末炒至半透明後，再加入其他材料煮滾。放涼後進冰箱冷藏。

【摩洛哥優格醬】（p.249）
水：1/2 杯／鹽：1 大匙／切成四等份的檸檬：1 顆份／希臘優格：3/4 杯／泡檸檬的汁：1 小匙／香菜（切末）：2 大匙
●將水、鹽、檸檬加入醬汁鍋，煮至水量減半、檸檬皮變軟，倒入瓶中靜置 2 小時。然後將檸檬取出，去籽，將檸檬、優格、泡檸檬的汁、香菜加入果汁機，攪打至細滑狀。

【優格醬】（p.129、p.133、p.142）
希臘優格：250ml／中東芝麻醬：3 大匙／蒜末：1 瓣份／薄荷（切末）：2 大匙／鹽和胡椒：適量

【雷莫拉醬】（p.27、p.36、p.106、p.167）
特級初榨橄欖油：1/4 杯／蛋黃：1 顆／第戎芥末醬：1 大匙／白酒醋：1 大匙／迷你醃黃瓜（切末）：1 大匙／酸豆（切末）：1 大匙／蝦夷蔥末：1 大匙

三明治的麵包類別

依材料分類

【小麥麵包】

最常見且用基本材料就能做出來的麵包，主要材料包括小麥麵粉、水和酵母。小麥麵包有兩種，一種是用精製過的白麵粉製成的白麵包，另一種是用全麥麵粉製成的全麥麵包，兩者類似白米和糙米的區別。吐司、法棍、巧巴達皆屬於小麥麵包。

吐司

【黑麥麵包】

黑麥麵包是北歐和東歐的傳統麵包。在美國，猶太黑麥麵包和吐司都是日常主食。黑麥麵包通常也會加小麥麵粉，不過有些仍是以 100％黑麥麵粉製作，例如德國的裸麥粗麵包。小麥麵粉的比例愈高，麵包的顏色愈淺、質地愈軟；而黑麥麵粉的比例愈高，麵包就愈重、質地愈紮實，因為黑麥麵粉發酵的膨脹程度沒有小麥麵粉那麼多。

黑麥麵包

【風味麵包】

這類麵包有兩種，一種是添加奶油、雞蛋和牛奶，或增加某些材料份量做成風味濃郁的麵包。例如日本的奶油餐包、法國的布里歐許、猶太人的辮子麵包（challah）、瑞士的辮子麵包（zopf），以及拉丁美洲的塞米塔、馬略卡、古巴甜麵包。另一種是直接加入大麥、燕麥、堅果等原形食材的麵包，例如丹麥的黑麥麵包和雜糧麵包。

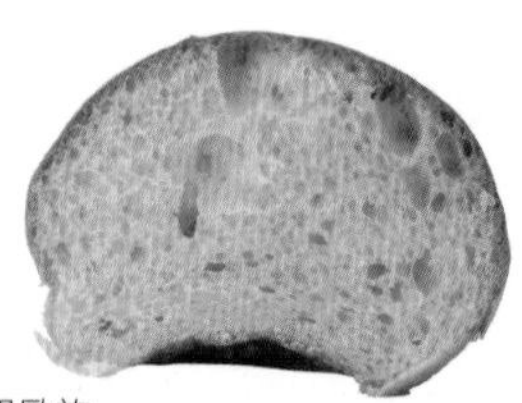

小圓布里歐許

【酸種麵包、泡打粉麵包】

酵母在 20 世紀以後才普及，此前人們是利用麵粉本身自然發酵形成的酸種麵團來製作麵包，而現在世界各地依然有人使用酸種麵團做麵包。另一種做法是利用泡打粉增加蓬鬆度的麵包，例如馬芬、比司吉、香蕉麵包、玉米麵包等。

圓酸種麵包

依形狀分類

【圓頂型】

這是最大宗的麵包種類，製作時通常不使用模具，而是將圓形或橢圓形麵團放在平坦容器上烘烤而成。跟使用模具烘烤的麵包比起來，這種形式的麵包比較原始。圓法國麵包（boule）就是圓型麵團的代表，德國的灰麵包（graubrot）則是橢圓形麵團的代表。這種麵包通常會切片使用，但也會橫剖成兩半，拿來製作大型三明治。

圓法國麵包

龐多米

【吐司型】

這種麵包在烘烤時會使用模具。底下還可以細分成兩種類型：一種是將麵團放入模具後加蓋烘烤，每個面都很平坦的角形吐司，比較具代表性的例子如法國的龐多米與日本的吐司。另一種是烘烤時模具不加蓋，因此頂部凸起的山形吐司；其實這種類型的麵包比起日本吐司那種方方正正的造型更普遍。這種類型的麵包因形似火車的臥鋪車廂，在美國又稱作「pullman」（臥鋪車）；也因常用於製作三明治而稱作「sandwich loaf」（三明治麵包）。

巧巴達

【圓筒型】（roll，小圓型）

除了吐司以外，各位想到的麵包大多數都屬於這一類型，其形狀有圓球形、長條形、方形。圓筒型麵包與吐司型、圓頂型的最大差別在於尺寸較小，通常都是一人份。雖然也有長達 60cm 的法國長棍麵包，但仍可歸類為圓筒型麵包。至於長度在 20 公分以下的小法棍則明顯屬於此類。巧巴達、日本的奶油夾心麵包也屬於這個類型。而漢堡包、熱狗堡麵包也同樣屬於此類。

【環型】

大家最熟悉的環型麵包應該就是甜甜圈了。用甜甜圈來舉例，各位應該就能輕易想像出環型麵包的模樣。貝果是環型麵包的代表；除此之外，很多人可能想不到還有哪些環型麵包，實際上環型麵包的種類也沒那麼多，其他例子如土耳其的芝麻圈、亞美尼亞的環型麵包（ring bread）、希臘的芝麻捲（simiti），以及馬爾他的弗提拉都屬於此類。環型麵包通常會直接拿來吃，也會用來製作三明治。

芝麻捲（右）
環型麵包（左）

【麵餅型】

造型平坦的麵包都屬於此類，諸如饢餅（naan）、印度烤餅、墨西哥薄餅、皮塔口袋餅等，但這不代表只有像皮塔口袋餅那麼薄的麵餅才能稱作麵餅，像義大利的佛卡夏、南美洲的玉米餅也是麵餅。這類麵包的特色在於用途廣泛，可以捲起、夾起其他配料，或是直接將配料放在上面，還可以撕成小塊充當湯匙或小碟子。另外，這種類型的麵包有些會使用發酵麵團，有些則使用不發酵麵團。

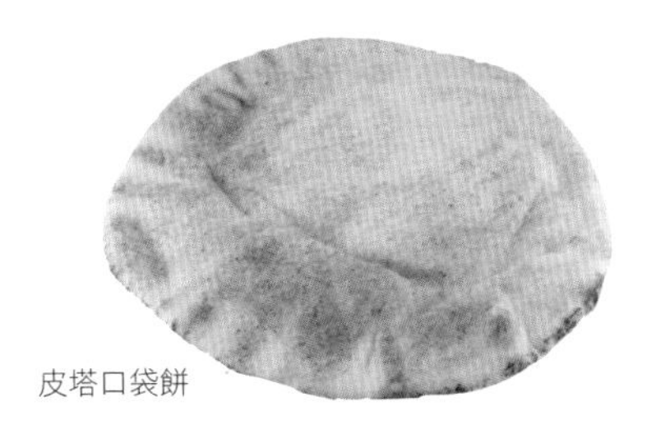

皮塔口袋餅

三明治裡的珍奇食材

Ajvar　紅椒醬
一種加了茄子的辣醬，是東歐人的必備食品。可以直接抹在麵包上吃。

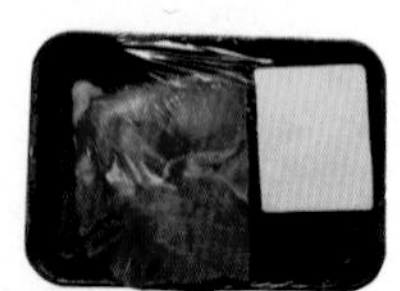

Alligator　短吻鱷肉
這是美國的養殖短吻鱷肉。雖然有養殖業者，但還是偏小眾，比較難成為主流肉品。

MARSHMALLOW FLUFF *
棉花糖霜
這是一種可以塗在麵包上吃的棉花糖，也是美國麻薩諸塞州引以為傲的奇特食品代表。
*FLUFF 和 MARSHMALLOW FLUFF 皆為 Durkee-Mower Inc 的註冊商標。

Brown Bread
波士頓黑麵包
類似日本的黑麵包，帶有甜味，滋味令人懷舊。

Catupiry　巴西軟乳酪
一種可以抹在麵包上吃的巴西起司。看似平凡無奇，實則帶有淡淡的甜味，出乎意料地好吃。

Chickpea Flour　鷹嘴豆粉
鷹嘴豆磨成的粉，廣泛應用於歐洲、中東、亞洲和非洲等世界各地。擁有堅果的風味。

Wasa　瓦莎餅
一種波蘭脆餅。美國的超市一定找得到，但不知道都是哪些人買就是了。味道很淡，沒有任何特殊風味。

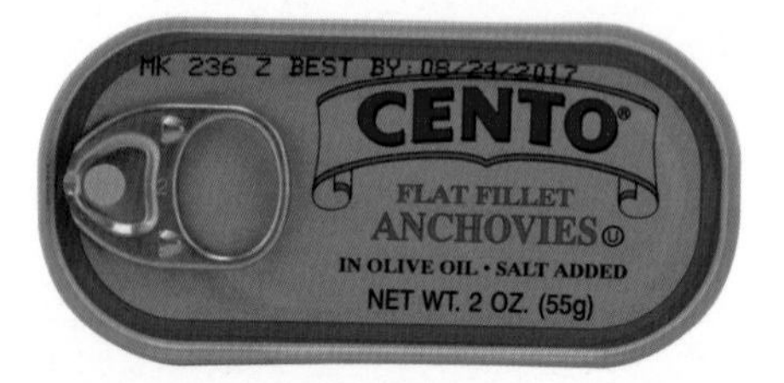

Anchovy Fillet　油漬鯷魚（片）
歐洲餐桌上一定少不了的食材，披薩、三明治、沙拉、義大利麵都會用到。

Guava Paste
芭樂膏
像是用芭樂做的羊羹，不過味道上比較偏向梅子羊羹。

Hagelslag　糖粒
荷蘭人深愛的在地食品。就是撒在冰淇淋上那種甜美的小糖粒。

Harissa　哈里薩辣醬
突尼西亞的辣椒醬，在歐洲和中東地區也很普及。

Holland Toast　荷蘭吐司
荷蘭的不甜脆餅。不知道為什麼，它的形狀總是圓的。塗奶油時務必小心，否則一個不小心就捏碎了。

HP SAUCE THE ORIGINAL*
英國 HP 棕醬
英國料理必備醬料，可以想成英國版的豬排醬。*HP SAUCE THE ORIGINAL 為 *H.J.Heinz Company* 公司的註冊商標。

Kangaroo　袋鼠肉
脂肪量比牛肉低，擁有類似鹿肉、水牛肉的野味。

Horseradish
辣根醬
辣根是綠色芥末醬（哇沙米）的原料，通常會剁碎後泡在醋裡。用途可以比照黃芥末醬。

Kataifi　派皮絲
如釣線般糾結成一團的派皮，是地中海點心不可或缺的材料。

三明治裡的珍奇食材

Maple Syrup　**楓糖漿**
美國新英格蘭地區常會淋在煎餅或優格上吃，當地也有販賣楓糖糖果紀念品。

Muisjes　**小老鼠糖粒**
荷蘭在三明治的世界中是個有點古怪的國家，會在麵包或脆餅上放一些奇怪的配料。

Piri Piri Hot Sauce　**霹靂霹靂辣醬**
霹靂霹靂聽起來像日文，其實是一種非洲辣椒。這種辣醬跟一般的辣椒醬不同，沒有加醋。

Orange Blossom Water
橙花水
用橙花製成的風味水，非常適合加進奶油或甘納許增添橙花的風味。

Piccalilli　**英式甜泡菜**
簡單來說，是一種將各種蔬菜切碎製成的甜味泡菜。有點像日本福神漬切得更碎的版本。

Pickled Herring
醋醃鯡魚
用醋醃製的鯡魚，相當美味。另有用黃芥末醬等其他材料醃漬的口味。

Pickled Oyster Mushroom　**醃漬秀珍菇**
坦白說，這種食物的味道和口感很特別，喜惡通常很兩極。

Nutella
能多益
全世界都愛的義大利榛果可可醬，可以於室溫下保存。

Redcurrant Jelly　紅醋栗果凍

酸味溫和的紅醋栗果凍在日本也相當受歡迎。順帶一提，果凍的做法是在新鮮果汁中加入吉利丁後凝結而成。

Smoked Sprats　煙燻小鯡魚

一種煙燻食品，魚的大小接近沙丁魚，保證一試成主顧。麵包只要配了這個，就不需要其他配料了。

Roasted Pepper　瓶裝烤紅椒

紅椒充分烤過後去皮製成的罐裝食品。世界各地都有懶得自己處理紅椒的人，所以市面上才會有這種罐頭。

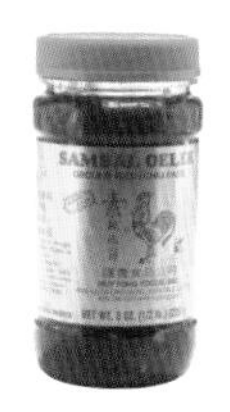

Sambal Oelek
參峇辣椒醬

東南亞經典辣椒醬，味道比普通的辣椒醬更複雜。

Rose Water
玫瑰水

用玫瑰花製作的風味水。可以用於甜點，有些也能作為化妝品抹在臉上。

VEGEMITE　維吉麥

不喜歡的人很難相信怎麼會有人要吃這種東西；但對喜歡的人來說，這可是人間美味。

Sweet Pickle Relish
酸甜黃瓜碎末

美式酸甜蘸醬，通常會淋在熱狗上。

作者

佐藤政人 Sato Masahito

定居於美國波士頓的編輯。他既是戶外活動相關書籍、雜誌的編輯與作家，也是美國知名的專業fly tyer（飛釣毛鉤的製作者）。除此之外，他對料理也頗有研究，曾參與編輯《日本鄉土料理》叢書（暫譯）。而他對三明治的熱愛更是不在話下。

TITLE

世界三明治圖鑑

STAFF

出版	瑞昇文化事業股份有限公司
作者	佐藤政人
譯者	沈俊傑
創辦人 / 董事長	駱東墻
CEO / 行銷	陳冠偉
總編輯	郭湘齡
責任編輯	張聿雯
文字編輯	徐承義
美術編輯	謝彥如
國際版權	駱念德　張聿雯
排版	曾兆珩
製版	印研科技有限公司
印刷	桂林彩色印刷股份有限公司
法律顧問	立勤國際法律事務所　黃沛聲律師
戶名	瑞昇文化事業股份有限公司
劃撥帳號	19598343
地址	新北市中和區景平路464巷2弄1-4號
電話 / 傳真	(02)2945-3191 / (02)2945-3190
網址	www.rising-books.com.tw
Mail	deepblue@rising-books.com.tw
港澳總經銷	泛華發行代理有限公司
初版日期	2024年6月
定價	NT$680 ／ HK$213

ORIGINAL JAPANESE EDITION STAFF

撮影	佐藤政人
カバーデザイン	橘川幹子
デザイン	草薙伸行 (Planet Plan Design Works)
校正	中野博子

國家圖書館出版品預行編目資料

世界三明治圖鑑：意想不到的有趣組合355種在地食譜 = The world's sandwiches / 佐藤政人作；沈俊傑譯. -- 初版. -- 新北市：瑞昇文化事業股份有限公司, 2024.05
304面；　14.8x21公分
ISBN 978-986-401-735-5(平裝)

1.CST: 速食食譜
427.14　　113005774